ISBN 978-1-326-21165-3

© 2015 Morgan Seven. Tutti i diritti sono riservati

Introduzione

Un semplice diario astrologico, una frase di aiuto giorno per giorno per affrontare le incognite del futuro. Segno per segno, mese per mese, un anno intero di consigli.

Ariete : Gennaio

1. Oggi sarà facile ottenere successi nella vita professionale.
2. Avrete notevoli energie grazie all'influsso di Plutone.
3. Non fatevi scoraggiare da una amica, l'ostacolo non sarà reale.
4. La vostra ambizione ed efficienza promette successi in amore grazie al Sole.
5. Sarete un po' introversi, Saturno vi sfavorisce.
6. Grazie al Sole in mattinata sarete pieni di ambizione ed energia, approfittatene.
7. In serata nei confronti degli altri sarete poco estroversi a causa di Nettuno.
8. Visto che sarete portati nello scrivere e nello studio è il momento di iniziare qualcosa.
9. Sarete freddi e di calcolatori, non è da voi, stamattina Marte vi è contrario.
10. Grazie a Urano sarete ambiziosi e al tempo stesso sensibili, attenzione.
11. In mattinata avrete successo nella sfera domestica.
12. Sarete molto aperti verso le nuove idee, specialmente al pomeriggio.
13. Avrete tenacia da vendere, specie al mattino presto grazie alla Luna.
14. Sarete un po' introversi stasera, Plutone vi sfavorisce.
15. Non diminuite la fiducia in voi stessi, una spinta arriva dalla Luna.

16	*Sarete molto influenzati nel pomeriggio nella sfera emotiva da un parente.*
17	*Avrete molteplici interessi, sarete invidiati!*
18	*Marte stamattina vi rende poco elastici, lasciate spazio anche agli altri!*
19	*Avrete il dominio sulle situazioni, coglietele al volo.*
20	*Quante discussioni eccessive e puntigliose, ma a cosa vi servono?*
21	*Sarete un po' introversi stasera, Mercurio vi sfavorisce.*
22	*Sarete spinti da una grande carica di ottimismo specie al mattino, la Luna è ok.*
23	*Cercate di non apparire arroganti, Marte vi è contrario.*
24	*Sarete particolarmente comprensivi, magari siate utili a qualcuno.*
25	*Sarete orgogliosi dei vostri successi, Giove vi darà un aiuto.*
26	*Saprete affrontare la vita con disinvoltura e innovazione per via di influssi di Plutone.*
27	*I vostri scopi ideali o nobili saranno apprezzati da una amica.*
28	*Saprete affrontare la sera con disinvoltura e innovazione per via di influssi di Venere.*
29	*Saprete affrontare la mattina con disinvoltura e innovazione per via di influssi di Urano.*
30	*Il bisogno di indipendenza sarà più forte che mai.*

Ariete : Febbraio

1. Stamattina sarete particolarmente sensibili e romantici grazie a Venere.
2. Sarà molto facile oggi pomeriggio raggiungere la felicità grazie all'influsso di Marte.
3. Marte oggi vi renderà un poco distaccati.
4. Sarà facile oggi raggiungere la felicità grazie all'influsso di Saturno.
5. Tenderete ad esprimervi in maniera misurata e prudente, Urano stamattina vi controlla.
6. Avrete un innato senso del comando grazie alla Luna.
7. Il vostro lato generoso ed umano si farà avanti nel pomeriggio grazie a Plutone.
8. Nel pomeriggio nei confronti degli altri sarete poco estroversi a causa di Plutone.
9. Lasciate perdere stasera gli schemi predefiniti, il Sole vi stimolerà.
10. L'influenza di Urano vi apporterà grande vitalità.
11. Non siate troppo organizzati e metodici se volete farvi apprezzare sul lavoro.
12. La vostra ambizione ed efficienza promette successi sul lavoro grazie a Plutone.
13. Per riuscire a preservare il vostro ottimismo oggi dovrete compiere uno sforzo a causa dell'influenza un po' avversa del
14. La vostra possessività può essere pericolosa, attenti.
15. Riscoprirete grazie ad un parente i piaceri semplici della vita.

16	Sarete gentili e generosi, Venere è dalla vostra parte.
17	Anche se non amate il senso dell'avventura oggi è il caso di rischiare.
18	Ti stanchi facilmente? Oggi Nettuno è sfavorevole.
19	Avrete la capacità di essere versatili in molti settori e sarete dotati di un buon equilibrio.
20	La vostra sensibilità elevata potrebbe mettervi a rischio.
21	Saprete affrontare la sera con disinvoltura e innovazione per via di influssi di Marte.
22	Nei confronti degli altri sarete poco estroversi a causa di Giove.
23	Avrete tenacia da vendere, specie nel pomeriggio.
24	Il tuo fascino misterioso sarà messo in discussione da un collega.
25	In serata nei confronti degli altri sarete poco estroversi.
26	Siate più aperti a nuove vedute, ci saranno sorprese in serata.
27	Avrete tenacia da vendere, specie al mattino grazie a Giove.
28	Avrete tenacia da vendere, specie al mattino presto grazie a Plutone.

Ariete : Marzo

1. Sarete molto influenzati in serata nella sfera emotiva da un parente.
2. Sarete consapevoli che esistono inevitabilmente degli impegni che vanno rispettati.
3. Saturno oggi vi renderà un poco distaccati.
4. Stamattina avrete un innato senso del comando.
5. Avrete bisogno di libertà, Mercurio vi darà conforto.
6. Avrete in serata alcuni conflitti tra sensibilità e ragione.
7. Avrete un elevato senso di responsabilità e di autocontrollo grazie al Sole.
8. Serata ottima per le relazioni interpersonali, buona fortuna.
9. Oggi sarete inquieti ed instabili a causa della Luna.
10. Piccoli momenti di introversione caratterizzeranno la mattina per colpa di Giove.
11. Sarà molto facile stasera raggiungere la felicità grazie all'influsso della Luna.
12. Lasciate perdere stamattina gli schemi predefiniti, il Sole vi stimolerà.
13. Per riuscire a preservare il vostro ottimismo oggi dovrete compiere un sacrificio a causa dell'influenza un po' avversa
14. In mattinata non avrete un buon fiuto per gli affari.
15. Vivrete in maniera interiore molto emotiva, Venere vi occhieggia.

16	Meglio esprimersi stamattina in maniera misurata e prudente, la Luna lo consiglia.
17	Il vostro spirito di intraprendenza sarà esaltato grazie a Marte.
18	Saturno renderà i nati nel vostro segno poco intraprendenti.
19	Sarete freddi e di calcolatori, non è da voi ,la Luna vi è contraria.
20	Stasera mirate al sodo delle cose, la Luna vi incoraggia.
21	Sarà facile oggi raggiungere la felicità grazie all'influsso della Luna.
22	Marte vi permetterà di esprimervi in maniera disinvolta e chiara.
23	Sarete spinti da una grande carica di ottimismo.
24	Il vostro lato sensibile ed dolce si farà avanti nel pomeriggio grazie a Giove.
25	In serata Marte vi renderà un po' critici.
26	Sarete portati a capire i bisogni e i problemi degli altri, aiutateli.
27	Il vostro lato sensibile ed dolce si farà avanti in serata grazie a Marte.
28	In mattinata sarete influenzati dal pianeta dell'amore e dei sentimenti.
29	I sentimenti inconsci vi ispireranno piacevoli ricordi grazie all'influsso lunare.
30	Lasciate perdere stasera gli schemi predefiniti, la Luna vi stimolerà.
31	Il vostro lato generoso ed umano si farà avanti grazie a Urano.

Ariete : Aprile

1	La vostra perspicacia oggi avrà ottimi effetti.
2	Possederete una carica magnetica insolita, Saturno vi ispira in mattinata.
3	Lasciate perdere gli schemi predefiniti, la Luna vi stimolerà.
4	Avrete nel pomeriggio le capacità per lavorare duramente, con metodo, e grande attenzione, Giove vi è favorevole.
5	Per riuscire a preservare il vostro ottimismo oggi dovrete compiere un sacrificio a causa dell'influenza un po' avversa
6	Non esagerate con il senso di possesso, Marte vi mettere in cattiva luce.
7	Possederete una carica magnetica insolita, Venere vi ispira in serata.
8	Oggi sarete dinamici e passivi, a tempi alterni.
9	Stasera possederete un forte senso della giustizia grazie al Sole.
10	Se non coltivate interessi intellettuali è il caso di provvedere.
11	Non siate troppo rigidi e seriosi se volete farvi apprezzare in campo affettivo.
12	In serata la vostra perspicacia oggi avrà ottimi effetti.
13	Per riuscire a preservare il vostro ottimismo oggi dovrete compiere un sacrificio a causa dell'influenza un po' avversa
14	Siete brilanti e simpatici, oggi è favorito lo sport all'aria aperta.
15	Sarete ambiziosi e al tempo stesso sensibili, attenzione.

16	*La pazienza ed il tatto oggi non saranno il vostro forte a causa della Luna.*
17	*Non lasciatevi intimorire da un collega specie nel pomeriggio.*
18	*Avete delle sfide da vincere, ma avete Venere dalla vostra parte.*
19	*Sarete un po' introversi stasera, Venere vi sfavorisce.*
20	*Cercate di migliorare la vostra posizione, sia nella vita che sul lavoro, ne vale la pena.*
21	*Avrete in mattinata alcuni conflitti tra sensibilità e ragione a causa di Plutone.*
22	*Sarà abbastanza facile oggi pomeriggio raggiungere la felicità grazie all'influsso di Marte.*
23	*Non diminuite la fiducia in voi stessi, una spinta arriva da Saturno.*
24	*I sentimenti inconsci vi ispireranno piacevoli ricordi.*
25	*Siete sensibili, oggi Venere vi renderà vulnerabili negli affari di cuore.*
26	*Risolvete i conflitti interiori, vi allontanano dagli altri.*
27	*Non ammettete legami eccessivi o condizionanti, ma sarà il caso di cedere.*
28	*Il vostro lato sensibile ed dolce si farà avanti in tarda mattinata grazie alla Luna.*
29	*L'influenza della Luna vi apporterà grande vitalità.*
30	*Grazie a Mercurio agirete di slancio per avere più autorità.*

Ariete : Maggio

1. I sentimenti inconsci vi ispireranno piacevoli ricordi grazie all'influsso di Saturno.
2. Avete delle sfide da vincere, ma avete Urano sfavorevole.
3. Una profonda carica di ottimismo vi investirà stamattina, complice la Luna.
4. Avrete tenacia da vendere, specie al mattino presto grazie a Marte.
5. Non siate troppo indipendenti, Mercurio lo sconsiglia.
6. Sarete particolarmente creativi, con un sacco di idee, Mercurio vi stimola.
7. Avrete tenacia da vendere, specie al mattino grazie a Saturno.
8. Avrete in serata alcuni conflitti tra sensibilità e ragione a causa della Luna.
9. Non lasciatevi intimorire da un collega specie in mattinata.
10. Il vostro carattere sensibile rischierà di essere ferito da un amico.
11. Stasera avrete un elevato senso di responsabilità e di autocontrollo grazie a Mercurio.
12. Il vostro atteggiamento potrebbe causare qualche difficoltà nel rapporto con gli altri.
13. Siate più aperti a nuove vedute, ci saranno sorprese in mattinata grazie a Mercurio.
14. Avrete disciplina e autocontrollo da vendere, quanta energia!
15. Con il desiderio e la tenacia oggi tutto sembrerà più facile specie al mattino.

16	Avrete un'ambizione molto elevata e cercherete il successo.
17	La Luna stamattina vi rende poco flessibili, lasciate spazio anche agli altri!
18	Sarete dotati di fine intuizione, ma apparirete un po' eccentrici.
19	Adorate stare in mezzo alla gente, oggi giornata propizia.
20	La Luna vi renderà in mattinata ricchi di idee, mettetele a frutto.
21	Sarete un po' introversi nel pomeriggio, Nettuno vi sfavorisce.
22	Uno stato d'animo aggressivo in mattinata vi farà compiere un piccolo errore.
23	In mattinata nei confronti degli altri sarete poco estroversi a causa di Marte.
24	In mattinata grazie a Saturno sarete dotati di ottima perspicacia.
25	Avrete nel pomeriggio le capacità per lavorare duramente, con metodo, e grande attenzione, Nettuno vi è favorevole.
26	Stasera avrete un elevato senso di responsabilità e di autocontrollo grazie a Venere.
27	Nettuno stamattina vi rende poco flessibili, lasciate spazio anche agli altri!
28	Nel pomeriggio Saturno vi renderà un po' critici.
29	Saprete affrontare la vita con disinvoltura e innovazione per via di influssi di Nettuno.
30	Tenderete ad esprimervi in maniera misurata e prudente, Nettuno stasera vi controlla.
31	Uno stato d'animo aggressivo vi farà compiere un piccolo errore.

Ariete : Giugno

1. La vostra ambizione ed efficienza promette successi sul lavoro grazie alla Luna.
2. Stamattina avrete un elevato senso di responsabilità e di autocontrollo grazie a Venere.
3. Non agite stamattina in maniera impulsiva, Giove lo sconsiglia.
4. Cercate protezione e vita stabile, allora oggi sarà un gran giorno.
5. La famiglia e i vicini vi influenzeranno in modo particolare.
6. Stasera avrete un innato senso del comando grazie alla Luna.
7. Per riuscire a preservare il vostro ottimismo oggi dovrete compiere uno sforzo a causa dell'influenza un po' avversa di
8. Non diminuite la fiducia nelle vostre capacità, una spinta arriva da Mercurio.
9. Tenderete ad esprimervi in maniera misurata e prudente, Saturno stamattina vi controlla.
10. Non avete voglia di stare con gli altri, Urano lo evidenzia.
11. Il vostro lato sensibile ed dolce si farà avanti in tarda mattinata grazie a Venere.
12. Necessitate di molta più costanza ed applicazione per raggiungere le vostre mete.
13. La vostra sensibilità elevata potrebbe mettervi a rischio stamattina
14. Avete idee che talvolta possono essere pensate un po' troppo in grande.
15. Marte non vi permetterà di esprimervi in maniera disinvolta e chiara.

16	Nel pomeriggio grazie a Nettuno sarete dotati di ottima perspicacia.
17	Agite con tatto e giudiziosità altrimenti combinerete un bel guaio.
18	Sarete spinti da una grande carica di ottimismo specie al mattino, il Sole è ok.
19	Avrete nel pomeriggio le capacità per lavorare duramente, con metodo, e grande attenzione, il Sole vi è favorevole.
20	Siate più aperti a nuove vedute, ci saranno sorprese in serata grazie a Marte.
21	Stasera sarete una persona poco ottimista ed organizzata.
22	Sarete acuti, flessibili e pieni di inventiva.
23	Oggi sarete dinamici e passivi, a tempi alterni a causa di Mercurio.
24	Sarete molto orgogliosi dei vostri successi.
25	Giove vi permetterà di esprimervi in maniera disinvolta e chiara.
26	Siate tolleranti verso altre forme di pensiero.
27	Mercurio renderà i nati nel vostro segno molto impazienti.
28	Avrete un carattere vivace ed attraente grazie a Venere.
29	Avrete tenacia da vendere, specie al mattino grazie ad Urano.
30	Avrete una potenziale aggressività, non mettetela in atto.

Ariete : Luglio

1	Avrete un modo di fare onesto, diretto e chiaro.
2	Le questioni finanziarie oggi non andranno a gonfie vele grazie al Sole.
3	Il vostro lato generoso ed umano si farà avanti grazie al Sole.
4	Stasera avrete nuovi temi di osservazione e di meditazione grazie ad influssi del Sole.
5	Oggi sarete inquieti ed instabili, a tempi alterni a causa della Luna.
6	Avete delle sfide da vincere, ma avete Venere sfavorevole.
7	In mattinata la Luna vi darà inventiva ed originalità da vendere, complimenti.
8	Avrete alcuni conflitti tra sensibilità e ragione a causa di Marte.
9	Oggi sarete faciliti ad instaurare rapporti interpersonali.
10	Un amante dei viaggi risveglierà in voi lontani ricordi.
11	Una profonda carica di ottimismo vi investirà in serata, complice la Luna.
12	Sarete spinti da una grande carica di ottimismo specie alla sera, Saturno è ok.
13	Non siate troppo organizzati e metodici se volete farvi apprezzare in famiglia.
14	Il vostro carattere sensibile rischierà di essere ferito da un parente.
15	Non abbiate stasera troppo quell'aria di superiorità, vi danneggia.

16	L'apertura mentale che si possiete sarà notata da una amica.
17	La Luna vi renderà troppo gelosi, ciò genera diffidenza.
18	I vostri sentimenti profondi e fedeli oggi saranno apprezzati.
19	Siete troppo precisi e meticolosi, non avrete successo.
20	In mattinata Giove vi darà inventiva ed originalità da vendere, complimenti.
21	Bisogna cercare di essere un po' più tolleranti.
22	Stamattina avrete nuovi temi di osservazione e di meditazione grazie ad influssi della Luna.
23	Attenti a non ricercare troppo il bisogno di conferme, Nettuno vi è nocivo.
24	Urano questo pomeriggio vi rende poco elastici, lasciate spazio anche agli altri!
25	Questo è un periodo in cui si desiderano cambiamenti costruttivi per la propria persona.
26	La Luna vi rende troppo mutevoli di pensiero, fissate un punto fermo.
27	Dovete imparare a contenere la vostra innata tendenza verso gli eccessi.
28	Avrete il dominio sulle situazioni, coglietele al volo, Saturno è con voi.
29	Sarete spinti da una grande carica di ottimismo specie alla sera, Marte è ok.
30	La vostra voglia di libertà sarà messa a dura prova a causa di Mercurio.
31	Sarete spinti da una grande carica di ottimismo specie alla sera.

Ariete : Agosto

1. In giornata Urano vi darà inventiva ed originalità da vendere, complimenti.
2. Avrete nuovi temi di osservazione e di meditazione grazie ad influssi di Giove.
3. Avrete in serata alcuni conflitti tra sensibilità e ragione a causa di Mercurio.
4. Grazie a Giove sarete pieni di ambizione ed energia, approfittatene.
5. Lasciate perdere stamattina gli schemi predefiniti, Giove vi stimolerà.
6. Oggi sarete dinamici e passivi a causa della Luna.
7. Dovrete prestare attenzione ad evitare approcci troppo generali e superficiali nei confronti delle cose.
8. Nel pomeriggio non avrete successo nella sfera famigliare.
9. In mattinata avrete inventiva ed originalità da vendere, complimenti.
10. Provate sentimenti ed emozioni molto profonde che non vengono fatte trasparire facilmente.
11. Procedete con ordine e metodo, Nettuno vi disorienterà.
12. Oggi sarete dinamici e passivi.
13. Avrete tenacia da vendere, specie in serata grazie a Marte.
14. Il vostro lato sensibile ed dolce si farà avanti nel pomeriggio grazie a Urano.
15. Procedete con ordine e metodo, Giove vi disorienterà.

16	Saprete affrontare la vita con disinvoltura e innovazione per via di influssi di Venere.
17	Non vi incupite in maniera eccessiva, non è il momento.
18	Vivrete molto intensamente i vostri sentimenti, ve lo meritate.
19	Il vostro lato sensibile ed dolce si farà avanti grazie alla Luna.
20	Le esperienze vissute influenzeranno poco positivamente la vita presente.
21	Avrete un bisogno di esercitare un certo dominio.
22	Il vostro lato sensibile ed dolce si farà avanti solo in tarda serata grazie alla Luna.
23	Avrete tenacia da vendere, specie nel pomeriggio grazie alla Luna.
24	Non legatevi agli schemi tradizionali, siete sopra le righe.
25	Nel pomeriggio sarete caratterizzati da un'intelligenza molto critica.
26	Siete sensibili, stasera Venere vi renderà vulnerabili negli affari di cuore.
27	Saturno questo pomeriggio vi rende poco elastici, lasciate spazio anche agli altri!
28	Stasera avrete un innato senso del comando grazie a Nettuno.
29	Nettuno stasera vi renderà un poco distaccati.
30	Stasera mirate al sodo delle cose, Saturno vi incoraggia.
31	Una profonda carica di ottimismo vi investirà in serata, complice Giove.

Ariete : Settembre

1. La Luna vi rende carichi di emotività, fate attenzione.
2. Il prestigio nel proprio ambiente sociale sarà per voi raggiunto.
3. Una profonda carica di ottimismo vi investirà nel pomeriggio, complice Mercurio.
4. Non agite in maniera impulsiva, Nettuno lo sconsiglia.
5. Non siate troppo indipendenti, Plutone lo sconsiglia.
6. Vi sentite instancabili, Plutone vi aiuta.
7. In giornata Giove vi darà inventiva ed originalità da vendere, complimenti.
8. Stasera avrete un elevato senso di responsabilità e di autocontrollo grazie alla Luna.
9. Saprete affrontare la vita con disinvoltura e innovazione per via di influssi di Urano.
10. Siete un po' sfuggenti, ma da cosa scappate?
11. Il vostro lato sensibile ed dolce si farà avanti in mattinata grazie a Nettuno.
12. Dovete imparare a contenere l'innata tendenza verso gli eccessi.
13. Potrebbe finalmente arrivare un successo nella vita professionale grazie a Marte.
14. Saprete affrontare la sera con disinvoltura e innovazione per via di influssi di Giove.
15. Il vostro lato generoso ed umano si farà avanti in serata grazie a Venere.

16	*In mattinata Marte vi darà inventiva ed originalità da vendere, complimenti.*
17	*Oggi ricercherete emozioni forti e situazioni impegnative.*
18	*Siete romantici e sensibili, qualcuno ne approfitterà per prevaricare.*
19	*Amate la casa e la vita comoda, ma oggi Marte vi farà cambiare idea.*
20	*Nei confronti degli altri sarete poco estroversi a causa di Saturno.*
21	*Avrete in serata alcuni conflitti tra sensibilità e ragione a causa del Sole.*
22	*La vostra ambizione ed efficienza promette successi in amore grazie alla Luna.*
23	*Lasciate perdere gli schemi predefiniti, Urano vi stimolerà.*
24	*Marte vi renderà in serata ricchi di idee, mettetele a frutto.*
25	*La Luna stamattina vi renderà un poco distaccati.*
26	*Avrete tenacia da vendere, specie al mattino presto grazie a Giove.*
27	*Tenderete ad esprimervi in maniera misurata e prudente, il Sole vi controlla.*
28	*Sarete un po' introversi stasera, il Sole vi sfavorisce.*
29	*Non agite in maniera impulsiva, Venere lo sconsiglia.*
30	*Sarete un po' introversi, Mercurio vi sfavorisce.*

Ariete : Ottobre

1. *Procedete con ordine e metodo, Venere vi disorienterà.*
2. *Oggi sarà difficile elaborare due pensieri diversi allo stesso tempo.*
3. *Avrete un carattere vivace ed attraente.*
4. *Nel pomeriggio nei confronti degli altri sarete poco estroversi a causa di Marte.*
5. *Stasera avrete nuovi temi di osservazione e di meditazione grazie ad influssi della Luna.*
6. *In mattinata grazie a Giove sarete dotati di ottima perspicacia.*
7. *Sarete un po' introversi, il Sole vi sfavorisce.*
8. *Nel pomeriggio non avrete un buon fiuto per gli affari.*
9. *La Luna renderà i nati nel vostro segno molto impazienti.*
10. *Per riuscire a preservare il vostro ottimismo oggi dovrete compiere un sacrificio a causa dell'influenza un po' avversa di*
11. *Sarete un po' introversi nel pomeriggio, Urano vi sfavorisce.*
12. *Difenderete tenacemente le vostre convinzioni morali, vi sentite offesi.*
13. *La vostra ambizione ed efficienza promette successi in affari.*
14. *Mirate al sodo delle cose, il Sole vi incoraggia.*
15. *Per realizzare le proprie ambizioni ci vorrà un po' di coraggio.*

16	Meglio esprimersi in maniera misurata e prudente, la Luna lo consiglia.
17	Giove vi rende carichi di emotività, fate attenzione in serata.
18	Avrete stamattina le capacità per lavorare duramente, con metodo, e grande attenzione, Plutone vi è favorevole.
19	Le questioni finanziarie oggi andranno a gonfie vele grazie a Saturno.
20	Lasciate perdere gli schemi predefiniti, Nettuno vi stimolerà.
21	La vostra carica emozionale si manifesterà grazie a Mercurio.
22	Meglio non avere comportamenti materni, la Luna è mal messa.
23	Sarete un po' introversi nel pomeriggio, Mercurio vi sfavorisce.
24	Non agite in maniera impulsiva, Urano lo sconsiglia.
25	Avrete tenacia da vendere, specie in serata grazie alla Luna.
26	Marte renderà i nati nel vostro segno poco impulsivi.
27	Avrete nuovi temi di osservazione e di meditazione grazie ad influssi di Urano.
28	Che coraggio e passionalità! Avete la forza di Marte in poppa.
29	Avrete le capacità per lavorare duramente, con metodo, e grande attenzione, Giove vi è favorevole.
30	Non avrete un particolare intuito in mattinata.
31	Siete molto responsabili e sono presenti buone capacità decisionali, sfruttatele.

Ariete : Novembre

1. Attenti a non ricercare troppo il bisogno di conferme, Urano vi è nocivo.
2. Nel pomeriggio grazie a Saturno sarete dotati di ottima perspicacia.
3. Saturno renderà i nati nel vostro segno molto impazienti.
4. Sarete orgogliosi dei vostri successi.
5. La vostra sensibilità elevata potrebbe mettervi a rischio a causa di un collega.
6. Il vostro lato sensibile ed dolce si farà avanti in mattinata grazie a Marte.
7. La fiducia nelle vostre capacità oggi raggiungerà l'apice.
8. Avrete stamattina le capacità per lavorare duramente, con metodo, e grande attenzione, Mercurio vi è favorevole.
9. Giove renderà i nati nel vostro segno molto impazienti.
10. La pazienza ed il tatto stamattina non saranno il vostro forte a causa della Luna.
11. Sarà facile oggi raggiungere la felicità.
12. Per riuscire a preservare il vostro ottimismo oggi dovrete compiere un sacrificio a causa dell'influenza un po' avversa di
13. La vostra sensibilità elevata potrebbe mettervi a rischio a causa di un amico.
14. Il Sole vi darà grandi aiuti per concludere i vostri affari.
15. Marte renderà i nati nel vostro segno poco intraprendenti.

16	*Stamattina avrete un elevato senso di responsabilità e di autocontrollo.*
17	*Avrete un fascino un po' particolare.*
18	*Il coraggio e la passionalità oggi saranno il vostro punto debole.*
19	*Non sempre porterete a termine ciò che si era intrapreso.*
20	*Oggi sarete dinamici e passivi a causa di Venere.*
21	*Piccoli momenti di introversione caratterizzeranno la sera.*
22	*Sarete freddi e di calcolatori, non è da voi, stamattina Saturno vi è contrario.*
23	*Il vostro lato generoso ed umano si farà avanti in tarda mattinata grazie alla Luna.*
24	*Sarete particolarmente creativi, con un sacco di idee, il Sole vi stimola.*
25	*Il vostro lato sensibile ed dolce si farà avanti in tarda mattinata grazie al Sole.*
26	*Ti stanchi facilmente? Oggi Giove è sfavorevole.*
27	*Trovare qualcuno che sappia capire le tue esigenze e i tuoi bisogni? Forse è il giorno giusto.*
28	*Nei confronti degli altri sarete molto estroversi grazie alla Luna.*
29	*Avrete buone capacità di concentrazione, sfruttatele.*
30	*Oggi saranno favoriti gli studi e l'apprendimento in generale.*

Ariete : Dicembre

1	Il vostro lato generoso ed umano si farà avanti nel tardo pomeriggio grazie al Sole.
2	Mercurio oggi vi renderà un poco distaccati.
3	Siate più aperti a nuove vedute, ci saranno sorprese grazie a Venere.
4	Non siate troppo indipendenti, la Luna lo sconsiglia.
5	In mattinata grazie a Marte sarete dotati di ottima perspicacia.
6	Sarete freddi e di calcolatori, non è da voi ,Saturno vi è contrario.
7	Avrete tenacia da vendere, specie al mattino.
8	Giove renderà i nati nel vostro segno poco audaci.
9	Una profonda carica di ottimismo vi investirà nel pomeriggio.
10	Saprete affrontare la mattina con disinvoltura e innovazione per via di influssi di Mercurio.
11	Avrete nuovi temi di osservazione e di meditazione.
12	Il vostro lato sensibile ed dolce si farà avanti solo in tarda serata.
13	Il Sole renderà i nati nel vostro segno molto audaci.
14	Sarete orgogliosi dei vostri successi, la Luna vi darà un aiuto.
15	Non agite in maniera impulsiva, Giove lo sconsiglia.

16	Siate più aperti a nuove vedute, ci saranno sorprese grazie alla Luna.
17	Stasera mirate al sodo delle cose, Mercurio vi incoraggia.
18	Saprete affrontare la vita con disinvoltura e innovazione per via di influssi di Mercurio.
19	Il Sole renderà i nati nel vostro segno molto intraprendenti.
20	Stasera sarà facile elaborare due pensieri diversi allo stesso tempo.
21	State agendo in maniera troppo impulsiva, ciò non porterà buobi frutti.
22	Viaggiare, muoversi, oggi non volete stare in casa!
23	Apprezzate troppo i beni materiali, almeno oggi siate meno possessivi.
24	Saturno renderà i nati nel vostro segno molto loquaci.
25	Una profonda carica di ottimismo vi investirà stamattina.
26	Dovete saper rispettare il tuo bisogno di libertà degli altri.
27	Oggi sarete inquieti ed instabili a causa di Venere.
28	Giove vi renderà espansivi ed ottimisti, sarete apprezzati.
29	Possederete una carica magnetica insolita, Urano vi ispira.
30	La Luna renderà i nati nel vostro segno molto loquaci.
31	Avrete un bisogno di esercitare un certo dominio in ambito sociale.

Toro : Gennaio

1. *La vostra determinazione vi porterà ad un insperato successo con l'influsso del Sole.*
2. *Perchè soffermarsi sui soliti canoni estetici?*
3. *Saprete esprimervi in modo molto chiaro e sarete apprezzati.*
4. *La Luna renderà i nati nel vostro segno molto impulsivi.*
5. *Stamattina mirate al sodo delle cose, la Luna vi incoraggia.*
6. *Marte vi renderà ricchi di idee, mettetele a frutto.*
7. *Lasciate perdere gli schemi predefiniti, Mercurio vi stimolerà.*
8. *Il vostro lato generoso ed umano si farà avanti grazie a Plutone.*
9. *Avrete nuovi temi di osservazione e di meditazione grazie ad influssi della Luna.*
10. *Giove vi rende carichi di emotività, fate attenzione in mattinata.*
11. *Il vostro lato sensibile ed dolce si farà avanti in mattinata grazie al Sole.*
12. *In mattinata grazie alla Luna sarete dotati di ottima perspicacia.*
13. *La Luna stamattina vi renderà un poco distaccati.*
14. *La vostra sensibilità elevata potrebbe mettervi a rischio stamattina*
15. *Saturno non vi renderà molto eloquenti, non rammaricatevene.*

16	Qualcosa stamane stimolerà parecchio il tuo interesse.
17	Avrete un'incredibile attrazione per la casa e la famiglia per via di Giove.
18	Non diminuite la fiducia in voi stessi, una spinta arriva dal Sole.
19	Cercate di non apparire arroganti, Urano vi è contrario.
20	In mattinata avrete un buon fiuto per gli affari.
21	La pazienza ed il tatto stasera non saranno il vostro forte a causa della Luna.
22	Non sarete ammirati ed elogiati per il vostro impegno.
23	Mirate al sodo delle cose, Mercurio vi incoraggia.
24	In mattinata Mercurio vi renderà un po' critici.
25	Il vostro lato generoso ed umano si farà avanti in mattinata grazie a Marte.
26	Il vostro lato generoso ed umano si farà avanti nel tardo pomeriggio grazie a Venere.
27	Saturno renderà i nati nel vostro segno poco impulsivi.
28	Non ricercate certo la monotonia, ma non stancatevi troppo stasera.
29	La pazienza ed il tatto oggi non saranno il vostro forte.
30	Il vostro lato sensibile ed dolce si farà avanti nel tardo pomeriggio grazie a Marte.
31	Il vostro lato generoso ed umano si farà avanti in serata grazie a Marte.

Toro : Febbraio

1	Stamattina possederete un forte senso della giustizia grazie a Marte.
2	Sarete molto attaccati al passato e all'ambiente familiare, ma per necessità.
3	Lasciate perdere stasera gli schemi predefiniti, Urano vi stimolerà.
4	In serata nei confronti degli altri sarete poco estroversi a causa della Luna.
5	Un carico di enegia, ecco cosa si prospetta per voi.
6	La famiglia e i vicini vi influenzeranno in modo particolare nel pomeriggio.
7	Saprete affrontare la mattina con disinvoltura e innovazione per via di influssi di Saturno.
8	Siete sensibili, oggi Mercurio vi renderà vulnerabili negli affari di cuore.
9	Per riuscire a preservare il vostro ottimismo oggi dovrete compiere un sacrificio a causa dell'influenza un po' avversa di
10	Mercurio vi renderà troppo gelosi, ciò genera diffidenza.
11	Il vostro lato generoso ed umano si farà avanti nel pomeriggio grazie a Mercurio.
12	In serata sarete caratterizzati da un'intelligenza critica.
13	Grazie a Marte sarete ambiziosi e al tempo stesso sensibili, attenzione.
14	Procedete con ordine e metodo, Mercurio vi disorienterà.
15	Avrete un elevato senso di responsabilità e di autocontrollo grazie a Venere.

16	Avrete un fascino un po' particolare grazie al Sole.
17	Avrete notevoli energie grazie all'influsso di Urano.
18	Per riuscire a preservare il vostro ottimismo oggi dovrete compiere uno sforzo a causa dell'influenza un po' avversa di
19	Il tuo fascino misterioso sarà messo in discussione da una amica.
20	Necessitate di più costanza ed applicazione per raggiungere le vostre mete.
21	La Luna vi rende carichi di emotività, fate attenzione nel pomeriggio.
22	Il vostro lato sensibile ed dolce si farà avanti grazie a Giove.
23	Le questioni finanziarie oggi non andranno a gonfie vele grazie a Marte.
24	Venere vi rende carichi di emotività, fate attenzione in serata.
25	La pazienza ed il tatto stasera non saranno il vostro forte a causa di Giove.
26	Avrete in mattinata alcuni conflitti tra sensibilità e ragione.
27	Piccoli momenti di introversione caratterizzeranno la mattina per colpa di Saturno.
28	Sarete pieni di iniziative, specie in serata.

Toro : Marzo

1. Il vostro lato generoso ed umano si farà avanti grazie a Mercurio.
2. Meglio non avere comportamenti materni, il Sole è mal messo.
3. La vostra ambizione ed efficienza promette successi sul lavoro grazie a Urano.
4. Nel pomeriggio sarete molto concentrati, ma non ignorate chi vi circonda.
5. Marte questo pomeriggio vi rende poco flessibili, lasciate spazio anche agli altri!
6. Siete pieni di progetti, ma è meglio affrontare problemi pratici.
7. La vostra voglia di libertà sarà messa a dura prova a causa della Luna.
8. Avrete notevoli energie grazie all'influsso di Mercurio.
9. Il vostro lato sensibile ed dolce si farà avanti in mattinata grazie a Giove.
10. La Luna questo pomeriggio vi rende poco elastici, lasciate spazio anche agli altri!
11. Lasciate perdere stamattina gli schemi predefiniti, Marte vi stimolerà.
12. Sarete controllati dlla razionalità, in particolar modo alla sera.
13. Non lasciatevi intimorire da un'amica specie in mattinata.
14. Avrete alcuni conflitti tra sensibilità e ragione.
15. Nel pomeriggio avrete successo nella sfera domestica.

16	Siete alla ricerca dell'intesa perfetta, però dovrete ripiegare.
17	La vostra determinazione vi porterà ad un insperato successo con l'influsso di Giove.
18	Come mai vi circonda un'aura di mistero? Liberatevene.
19	Sarà molto facile oggi raggiungere la felicità grazie all'influsso del Sole.
20	Il vostro lato generoso ed umano si farà avanti in tarda mattinata grazie a Nettuno.
21	Il vostro lato sensibile ed dolce si farà avanti solo in tarda serata grazie a Giove.
22	Stamattina avrete nuovi temi di osservazione e di meditazione grazie ad influssi di Saturno.
23	Avrete notevoli energie grazie all'influsso di Nettuno.
24	Sarete un po' introversi stasera, Giove vi sfavorisce.
25	In giornata Saturno vi darà inventiva ed originalità da vendere, complimenti.
26	La Luna vi renderà ricchi di idee, mettetele a frutto.
27	Marte stamattina vi renderà un poco distaccati.
28	Sarete un po' introversi nel pomeriggio, la Luna vi sfavorisce.
29	Sarà molto facile stasera raggiungere la felicità grazie all'influsso di Giove.
30	Difendete le vostre opinioni, ne vale la pena.
31	Saturno renderà i nati nel vostro segno molto intraprendenti.

Toro : Aprile

1	Sarete spinti da una grande carica di ottimismo specie al pomeriggio, la Luna è ok.
2	Non fatevi scoraggiare da un collega, l'ostacolo non sarà reale.
3	I continui cambiamenti di carriera vi faranno trovare l'equilibrio.
4	Possederete una carica magnetica insolita, Urano vi ispira in mattinata.
5	Avrete un bisogno di essere riconosciuti in ambito famigliare.
6	Il vostro lato generoso ed umano si farà avanti nel pomeriggio.
7	Il vostro lato sensibile ed dolce si farà avanti nel pomeriggio grazie a Nettuno.
8	Oggi possederete un forte senso della giustizia grazie a Giove.
9	In mattinata nei confronti degli altri sarete poco estroversi a causa della Luna.
10	La vostra ambizione ed efficienza promette successi sul lavoro.
11	Sarete spinti da una grande carica di ottimismo specie al pomeriggio, Marte è ok.
12	Saprete affrontare la mattina con disinvoltura e innovazione.
13	Sarete spinti da una grande carica di ottimismo specie alla sera, la Luna è ok.
14	Stasera mirate al sodo delle cose, Marte vi incoraggia.
15	Non ostinatevi su un'idea fissa, è controproducente.

16	Stamattina mirate al sodo delle cose, Saturno vi incoraggia.
17	Eserciterete un potere magnetico inconsapevole che farà capitolare la preda prescelta.
18	Il vostro lato generoso ed umano si farà avanti nel tardo pomeriggio grazie a Urano.
19	Cercate di non apparire arroganti, Giove vi è contrario.
20	Piccoli momenti di introversione caratterizzeranno la mattina per colpa di Mercurio.
21	Siete irrequieti mentalmente e sempre alla ricerca di qualcosa di nuovo.
22	Avete delle sfide da vincere, ma avete il Sole sfavorevole.
23	Avrete nel pomeriggio le capacità per lavorare duramente, con metodo, e grande attenzione, Plutone vi è favorevole.
24	Affrontate la vita in maniera ragionata e prudente, ma troppo timidamente.
25	La vostra ambizione ed efficienza promette successi sul lavoro grazie al Sole.
26	Sarete gentili e generosi, Mercurio è dalla vostra parte.
27	Avrete un elevato senso di responsabilità e di autocontrollo grazie a Nettuno.
28	Avrete sentimenti impulsivi ed impazienti, la giornata sarà molto attiva.
29	Avrete un'insolita attrazione verso l'arte e la creatività.
30	Siete sensibili, stasera Mercurio vi renderà vulnerabili negli affari di cuore.

Toro : Maggio

1. Sarete molto vicini alla famiglia, oggi ne sentite il bisogno.
2. Avete delle sfide da vincere, ma avete Saturno sfavorevole.
3. Sarete favorevolmente aperti verso gli altri, è tempo di amicizie.
4. Avrete un fascino un po' particolare grazie a Venere.
5. Amate troppo gli aspetti legati alla tradizione ed alla comodità.
6. Uno stato d'animo aggressivo in serata vi farà compiere un piccolo errore.
7. Nei confronti degli altri sarete poco estroversi.
8. Sarete molto influenzati nella sfera emotiva da un amico.
9. Stamattina avrete un innato senso del comando grazie a Marte.
10. In mattinata Urano vi renderà un po' critici.
11. Per realizzare le proprie ambizioni ci vorrà molto coraggio.
12. Siate più aperti a nuove vedute, ci saranno sorprese in serata grazie alla Luna.
13. Non abbiate troppo quell'aria di superiorità, vi danneggia.
14. Mirate al sodo delle cose, Venere vi incoraggia.
15. In serata Saturno vi renderà un po' critici.

16	Avrete nuovi temi di osservazione e di meditazione grazie ad influssi di Saturno.
17	In serata la Luna vi darà inventiva ed originalità da vendere, complimenti.
18	Avrete alcuni conflitti tra sensibilità e ragione a causa di Saturno.
19	Saturno vi renderà ricchi di idee, mettetele a frutto.
20	Il vostro lato sensibile ed dolce si farà avanti solo in tarda serata grazie a Nettuno.
21	Stasera avrete nuovi temi di osservazione e di meditazione grazie ad influssi di Mercurio.
22	Pomeriggio di noia, sarete molto taciturni.
23	Sarà molto facile oggi pomeriggio raggiungere la felicità grazie all'influsso della Luna.
24	Sarete molto orgogliosi dei vostri successi, la Luna vi darà un aiuto.
25	Prima di prendere una decisione valutate bene tutti i fattori.
26	Dovete riuscire ad esercitare una sorta di autodisciplina.
27	Stamattina avrete nuovi temi di osservazione e di meditazione grazie ad influssi di Nettuno.
28	Saprete affrontare la mattina con disinvoltura e innovazione per via di influssi di Venere.
29	Sarete ammirati ed elogiati per il vostro impegno.
30	Non avete voglia di stare con gli altri, Saturno lo evidenzia.
31	Il vostro lato generoso ed umano si farà avanti in serata.

Toro : Giugno

1	Avrete inventiva ed originalità da vendere, complimenti.
2	Avrete tenacia da vendere, specie in serata grazie ad Urano.
3	La Luna renderà i nati nel vostro segno poco audaci.
4	Avrete un buon senso degli affari.
5	Marte vi rende carichi di emotività, fate attenzione in mattinata.
6	Grazie a Saturno sarete pieni di ambizione ed energia, approfittatene.
7	Giornata caratterizzata da una forte volontà, grazie ad Urano favorevole.
8	In serata nei confronti degli altri sarete poco estroversi a causa di Plutone.
9	La fiducia nelle vostre capacità stasera raggiungerà l'apice.
10	Siate tolleranti e non critici e pignoli, specie nel pomeriggio.
11	Il vostro lato generoso ed umano si farà avanti in tarda mattinata grazie al Sole.
12	Avrete un bisogno di esercitare un certo dominio in ambito lavorativo.
13	Stasera avrete nuovi temi di osservazione e di meditazione grazie ad influssi di Marte.
14	Sarete attratti da una persona ambiziosa, la ammirerete.
15	L'energia e l'aggressività si manifestano in maniera coinvolgente, è un bene.

16	Oggi sarete inquieti ed instabili, a tempi alterni a causa di Mercurio.
17	Sarete spinti da una grande carica di ottimismo specie al pomeriggio, Saturno è ok.
18	Avrete stamattina le capacità per lavorare duramente, con metodo, e grande attenzione, Nettuno vi è favorevole.
19	Una profonda carica di ottimismo vi investirà, complice Venere.
20	Siate più aperti a nuove vedute, ci saranno sorprese in mattinata grazie alla Luna.
21	State attenti che la vostra generosità e simpatia non vengono sfruttate.
22	Lasciate perdere stasera gli schemi predefiniti, Saturno vi stimolerà.
23	La vostra ambizione ed efficienza promette successi in amore grazie a Plutone.
24	Il vostro lato generoso ed umano si farà avanti nel pomeriggio grazie a Venere.
25	Saturno vi renderà impazienti, rilassatevi.
26	Nel pomeriggio sarete molto concentrati, ma non ignorate ciò che vi circonda.
27	Il vostro lato generoso ed umano si farà avanti in mattinata grazie alla Luna.
28	Sarete molto influenzati nella sfera emotiva da un parente.
29	Siate più aperti a nuove vedute, ci saranno sorprese in mattinata grazie a Giove.
30	Non spendete troppe energie, la Luna vi è sfavolevole.

Toro : Luglio

1. Piccoli momenti di introversione caratterizzeranno la mattina.
2. Il vostro spirito di intraprendenza stasera sarà esaltato grazie a Marte.
3. Vi sentite instancabili, Nettuno vi aiuta.
4. Non agite stamattina in maniera impulsiva, Urano lo sconsiglia.
5. Piccoli momenti di introversione caratterizzeranno la sera per colpa di Mercurio.
6. Nel pomeriggio Mercurio vi renderà un po' critici.
7. Siate riservati stasera, meglio sembrare distaccati.
8. Oggi sarete di poche parole, riflettete.
9. Siete troppo gelosi, ciò genera diffidenza.
10. Tenderete ad esprimervi in maniera misurata e prudente, il Sole stasera vi controlla.
11. Urano stasera vi renderà poco flessibili, lasciate spazio anche agli altri!
12. In mattinata non avrete sicuramente il tempo di annoiarvi, Marte vi coinvolgerà.
13. Le questioni finanziarie stamattina andranno a gonfie vele grazie a Marte.
14. Non siate puntigliosi, perdete troppo tempo.
15. Sarete particolarmente creativi, con un sacco di idee, Marte vi stimola.

16	Il vostro lato sensibile ed dolce si farà avanti nel pomeriggio grazie a Venere.
17	Attenti stasera a non rischiare di avere una severità eccessiva in ambito famigliare.
18	Tenderete ad esprimervi in maniera misurata e prudente, Nettuno stamattina vi controlla.
19	Mirate al sodo delle cose, il Sole vi incoraggia.
20	Oggi non sarete particolarmente eloquenti, fuggite da situazioni comprometttenti.
21	Piccoli momenti di introversione caratterizzeranno la mattina per colpa di Urano.
22	Sarete pervasi da un forte senso di giustizia, ma non esagerate nelle critiche.
23	Sarete gentili e generosi, Giove è dalla vostra parte.
24	Non siate impulsivi e aggressivi, vi lascerebbero da parte.
25	Con il desiderio e la tenacia oggi tutto sembrerà più facile specie al pomeriggio.
26	La fiducia in voi stessi oggi raggiungerà l'apice.
27	Il vostro lato sensibile ed dolce si farà avanti nel pomeriggio grazie alla Luna.
28	Nei confronti degli altri sarete poco estroversi a causa di Nettuno.
29	Giove vi rende carichi di emotività, fate attenzione nel pomeriggio.
30	Siete sensibili, oggi Marte vi renderà vulnerabili negli affari di cuore.
31	Sarà molto facile oggi pomeriggio raggiungere la felicità grazie all'influsso di Mercurio.

Toro : Agosto

1. Avrete le capacità per lavorare duramente, con metodo, e grande attenzione, il Sole vi è favorevole.
2. Urano stamattina vi rende poco elastici, lasciate spazio anche agli altri!
3. Sarà molto facile stasera raggiungere la felicità grazie all'influsso del Sole.
4. Stamattina avrete un elevato senso di responsabilità e di autocontrollo grazie a Mercurio.
5. Mercurio renderà i nati nel vostro segno molto loquaci.
6. In mattinata nei confronti degli altri sarete poco estroversi a causa di Giove.
7. Vi sentite instancabili, Marte vi aiuta.
8. Avrete un bisogno di esercitare un certo dominio in ambito famigliare.
9. Attenti stasera a non rischiare di avere una severità eccessiva in ambito lavorativo.
10. Sarà molto facile stasera raggiungere la felicità grazie all'influsso di Mercurio.
11. Avrete delle ottime capacità per emergere ed imporvi sugli altri.
12. Il vostro lato generoso ed umano si farà avanti.
13. Lasciate perdere gli schemi predefiniti, il Sole vi stimolerà.
14. Oggi vi attendono eventi positivi necessari per la riuscita ed il successo.
15. Il vostro lato sensibile ed dolce si farà avanti in serata grazie a Plutone.

16	Tenderete ad esprimervi in maniera misurata e prudente, Giove stasera vi controlla.
17	L'attenzione di un uomo gentile sarà per voi essenziale.
18	Saprete ben comportarvi nella società, avete carisma.
19	Potrebbe finalmente arrivare un successo nella vita professionale grazie a Giove.
20	Attenti stamattina a non rischiare di diventare troppo dominatori in ambito sociale.
21	Stasera sarete una persona ottimista e ben organizzata.
22	Non avete voglia di stare con gli altri, Plutone lo evidenzia.
23	Tenderete ad esprimervi in maniera misurata e prudente.
24	Avrete un elevato senso di responsabilità e di autocontrollo grazie a Giove.
25	Marte vi darà grandi aiuti per concludere i vostri affari.
26	La stabilità economica potrebbe raggiungere oggi lo sperato equilibrio.
27	Sarà molto facile oggi pomeriggio raggiungere la felicità grazie all'influsso di Saturno.
28	I continui cambiamenti di lavoro vi faranno trovare l'equilibrio.
29	Giornata caratterizzata da una forte volontà, grazie a Giove favorevole.
30	Il vostro lato sensibile ed dolce si farà avanti grazie al Sole.
31	Sarete un po' introversi, Urano vi sfavorisce.

Toro : Settembre

1. Avrete in serata alcuni conflitti tra sensibilità e ragione a causa di Urano.
2. Per riuscire a preservare il vostro ottimismo oggi dovrete compiere un sacrificio a causa dell'influenza un po' avversa di
3. L'apertura mentale che si possiete sarà notata da un collega.
4. Sarete un po' introversi stamattina, il Sole vi sfavorisce.
5. Meglio esprimersi stamattina in maniera misurata e prudente, Venere lo consiglia.
6. Il vostro lato generoso ed umano si farà avanti in serata grazie a Nettuno.
7. Avrete una mentalità razionale e pratica, molto utile.
8. Nei confronti degli altri sarete poco estroversi a causa di Plutone.
9. Non siate troppo indipendenti, Saturno lo sconsiglia.
10. L'amore riveste per voi un ruolo primario, ma ne siete convinti?
11. Il vostro lato sensibile ed dolce si farà avanti nel pomeriggio.
12. Sul lato emotivo, proverete sentimenti ed emozioni molto profonde.
13. I vostri scopi ideali o nobili saranno apprezzati da un amico.
14. Una profonda carica di ottimismo vi investirà in serata, complice Marte.
15. Il vostro lato generoso ed umano si farà avanti nel pomeriggio grazie al Sole.

16	In serata Urano vi darà inventiva ed originalità da vendere, complimenti.
17	Avete intrapreso un lavoro superiore alle vostre possibilità.
18	Non siate riservati stasera, sembrate distaccati.
19	Avete delle sfide da vincere, ma avete Giove sfavorevole.
20	Non avrete un particolare intuito nel pomeriggio.
21	La vostra ambizione ed efficienza promette successi in amore grazie a Nettuno.
22	Le unioni platoniche non fanno per voi, datevi da fare altrove.
23	Tenderete ad esprimervi in maniera misurata e prudente, Saturno vi controlla.
24	Per realizzare le proprie ambizioni ci vorrà coraggio.
25	Ti stanchi facilmente? Oggi il Sole è sfavorevole.
26	Sarete un po' introversi, Giove vi sfavorisce.
27	Saturno stasera vi renderà poco flessibili, lasciate spazio anche agli altri!
28	In mattinata nei confronti degli altri sarete poco estroversi.
29	Grazie al vostro animo generoso ed umano sarete aperti a nuove vedute della vita.
30	Il vostro lato sensibile ed dolce si farà avanti nel tardo pomeriggio grazie a Giove.

Toro : Ottobre

1. Oggi sarete una persona ottimista e ben organizzata.
2. Il senso dell'avventura vi farà passare una giornata frenetica.
3. Lasciate perdere stasera gli schemi predefiniti, Venere vi stimolerà.
4. La fiducia in voi stessi stasera raggiungerà l'apice.
5. Un carico di enegia dal Sole, ecco cosa si prospetta per voi in mattinata.
6. Siete sensibili, oggi il Sole vi renderà vulnerabili negli affari di cuore.
7. Stasera avrete un'intelligenza sensibile, immaginativa.
8. Meglio non avere comportamenti materni, Saturno è mal messo.
9. Il vostro spirito di intraprendenza stasera sarà esaltato grazie alla Luna.
10. Sarete un po' introversi nel pomeriggio, Giove vi sfavorisce.
11. Sarete freddi e di calcolatori, non è da voi ,stamattina Giove vi è contrario.
12. Il vostro lato sensibile ed dolce si farà avanti in tarda mattinata grazie a Nettuno.
13. La Luna oggi vi renderà un poco distaccati.
14. Sarete particolarmente creativi, con un sacco di idee.
15. Non diminuite la fiducia in voi stessi, una spinta arriva da Venere.

16	Riscoprirete grazie ad una telefonata i piaceri semplici della vita.
17	Difendete i vostri diritti, ne vale la pena.
18	Meglio esprimersi in maniera misurata e prudente, Mercurio lo consiglia.
19	Un carico di enegia, ecco cosa si prospetta per voi in serata.
20	Sarete attratti in serata verso compiti impegnativi e difficili.
21	Una profonda carica di ottimismo vi investirà stamattina, complice Giove.
22	Non siate troppo conservatori, sfruttate la spinta di Mercurio.
23	Saprete affrontare la sera con disinvoltura e innovazione per via di influssi di Saturno.
24	In giornata la Luna vi darà inventiva ed originalità da vendere, complimenti.
25	La fiducia nelle vostre capacità stamane vacillerà un po'.
26	Possederete una carica magnetica insolita, Marte vi ispira.
27	Tenderete ad esprimervi in maniera misurata e prudente, Mercurio vi controlla.
28	Sarete freddi e di calcolatori, non è da voi ,Nettuno vi è contrario.
29	Il vostro lato sensibile ed dolce si farà avanti solo in tarda serata grazie a Marte.
30	Per riuscire a preservare il vostro ottimismo oggi dovrete compiere uno sforzo a causa dell'influenza un po' avversa di
31	Giove vi renderà troppo gelosi, ciò genera diffidenza.

Toro : Novembre

1	Sarete spinti da una grande carica di ottimismo specie al mattino, Giove è ok.
2	Avrete bisogno di libertà, Urano vi darà conforto.
3	Stamattina sarete timidi ed indecisi, ma è passeggero, piccolo influsso di Marte.
4	Grazie al vostro animo nobile sarete aperti a nuove vedute della vita.
5	Il vostro lato generoso ed umano si farà avanti nel pomeriggio grazie a Urano.
6	Potrebbe finalmente arrivare un successo nella vita professionale grazie a Saturno.
7	Tenderete ad esprimervi in maniera misurata e prudente, Urano vi controlla.
8	Avrete nel pomeriggio le capacità per lavorare duramente, con metodo, e grande attenzione.
9	Il vostro lato generoso ed umano si farà avanti in tarda mattinata grazie a Plutone.
10	Nei confronti degli altri sarete poco estroversi a causa della Luna.
11	Il vostro lato sensibile ed dolce si farà avanti nel tardo pomeriggio grazie al Sole.
12	Avete idee diverse e inaspettate, sarete originali.
13	Avrete alcuni conflitti tra sensibilità e ragione a causa di Giove.
14	Sarete espansivi ed ottimisti, vi riconosceranno per questo.
15	L'influenza del Sole vi apporterà grande vitalità.

16	Giove stasera vi renderà poco flessibili, lasciate spazio anche agli altri!
17	Avrete un carattere vivace ed attraente grazie al Sole.
18	Stasera avrete un elevato senso di responsabilità e di autocontrollo grazie a Marte.
19	Tenderete ad esprimervi in maniera misurata e prudente, Nettuno vi controlla.
20	Non diminuite la fiducia in voi stessi, una spinta arriva da Urano.
21	Proseguite per la vostra strada, meglio non divagare.
22	Cercate di non apparire arroganti, la Luna vi è contraria.
23	Un carico di enegia dal Sole, ecco cosa si prospetta per voi in serata.
24	Il vostro spirito di intraprendenza stamattina sarà esaltato grazie alla Luna.
25	L'apertura mentale che si possiete sarà notata da un parente.
26	Nei rapporti con il prossimo sarete capaci di mostrare il meglio di voi.
27	La vostra curiosità vi permetterà di arrivare subito "al dunque".
28	Giornata caratterizzata da una forte volontà, grazie al Sole favorevole.
29	Il vostro lato generoso ed umano si farà avanti in tarda mattinata grazie a Giove.
30	Nettuno stasera vi renderà poco flessibili, lasciate spazio anche agli altri!

Toro : Dicembre

1. Il tuo fascino misterioso sarà messo in discussione da un parente.
2. La vostra voglia di libertà sarà messa a dura prova a causa di Marte.
3. Siete leali ed onesti, sarete premiati per questo.
4. Non agite stasera in maniera impulsiva, il Sole lo sconsiglia.
5. In mattinata sarete ricchi di idee, mettetele a frutto.
6. Stasera avrete nuovi temi di osservazione e di meditazione grazie ad influssi di Urano.
7. I vostri scopi ideali o nobili saranno apprezzati da un superiore.
8. Quel progetto che vi siete prefissati finalmente sta per realizzarsi.
9. Il vostro lato generoso ed umano si farà avanti in serata grazie a Giove.
10. Avrete un innato senso del comando grazie a Giove.
11. Avrete un particolare intuito nel pomeriggio.
12. Sarà molto facile oggi raggiungere la felicità grazie all'influsso di Giove.
13. Bisogna cercare di essere un po' più tolleranti, specie verso un collega.
14. La vostra ambizione e volontà di arrivare sarà notata.
15. Mercurio stasera vi renderà un poco distaccati.

16	La vostra determinazione porterà ai risultati sperati.
17	Avrete il dominio sulle situazioni, coglietele al volo, Mercurio è con voi.
18	La Luna renderà i nati nel vostro segno molto audaci.
19	Sarete spinti da una grande carica di ottimismo specie al pomeriggio.
20	In serata Giove vi darà inventiva ed originalità da vendere, complimenti.
21	I sentimenti vi domineranno per l'intera giornata, forse è il momento di conquiste.
22	Nel pomeriggio nei confronti degli altri sarete poco estroversi a causa della Luna.
23	Avrete bisogno di libertà, la Luna vi darà conforto.
24	In serata grazie al Sole sarete dotati di ottima perspicacia.
25	Giove stamattina vi rende poco elastici, lasciate spazio anche agli altri!
26	La Luna renderà i nati nel vostro segno poco loquaci.
27	Stasera avrete un innato senso del comando.
28	Che meraviglia, avrete un tocco di fascino un po' particolare.
29	Il vostro senso di ribellione si vorrà manifestare, ma attenzione.
30	Possederete una carica magnetica insolita, Giove vi ispira in mattinata.
31	Saprete acquisire un'opinione lentamente, che difficilmente muterà.

Gemelli : Gennaio

1	Avrete tenacia da vendere, specie nel pomeriggio grazie a Marte.
2	Avete delle sfide da vincere, ma avete la Luna sfavorevole.
3	Sarete alla ricerca dell'elemento indispensabile per la buona riuscita del rapporto.
4	Il vostro lato generoso ed umano si farà avanti nel pomeriggio grazie a Giove.
5	Attenti stamattina a non rischiare di avere una severità eccessiva in ambito sociale.
6	In mattinata sarete caratterizzati da un'intelligenza molto critica.
7	La Luna vi rende carichi di emotività, fate attenzione in serata.
8	Nel pomeriggio Marte vi renderà un po' critici.
9	Qualcosa stamane stimolerà parecchio la tua curiosità.
10	Possederete una carica magnetica insolita, Marte vi ispira in serata.
11	Impiegate in maniera efficiente le vostre energie, non disperdetele.
12	Lasciatevi andare alla tenerezza, ne vale la pena.
13	Non agite stamattina in maniera impulsiva, Plutone lo sconsiglia.
14	Il tuo fascino misterioso sarà messo in discussione da un amico.
15	Oggi sicuramente raggiungerete una buona posizione professionale e materiale.

16	Avrete in mattinata alcuni conflitti tra sensibilità e ragione a causa di Saturno.
17	La necessità di avere qualcuno vicino vi metterà in difficoltà.
18	Il vostro lato sensibile ed dolce si farà avanti in serata.
19	Stamattina sarete timidi ed indecisi, ma è passeggero, piccolo influsso di Venere.
20	Nel pomeriggio la Luna vi renderà un po' critici.
21	Sarete controllati dlla razionalità, in particolar modo al mattino.
22	L'attenzione di un uomo gentile sarà per voi essenziale in serata.
23	Sarete troppo combattivi, non provocate discussioni.
24	Non agite in maniera impulsiva, Plutone lo sconsiglia.
25	Un carico di enegia da Marte, ecco cosa si prospetta per voi in serata.
26	Siete inclini ad intraprendere relazioni stabili e durevoli, ma aspettate il momento giusto.
27	Grazie a Giove agirete di slancio per avere più autorità.
28	In mattinata non avrete successo nella sfera famigliare.
29	Mercurio vi rende i sentimenti impulsivi ed impazienti, la giornata sarà molto attiva.
30	Avrete un elevato senso di responsabilità e di autocontrollo grazie alla Luna.
31	Sarà molto facile oggi raggiungere la felicità grazie all'influsso della Luna.

Gemelli : Febbraio

1. La vostra carica emozionale si manifesterà grazie a Marte.
2. Non sarete ammirati ed elogiati per il vostro carattere.
3. Sarete molto influenzati in mattinata nella sfera emotiva da un amico.
4. Non siate troppo organizzati e metodici se volete farvi apprezzare in campo affettivo.
5. E' ora di decidersi a instaurare un rapporto vuoi essere molto sicuro.
6. Non eccedete nella critica e nella pignoleria, sareste malvisti.
7. Saprete affrontare la mattina con disinvoltura e innovazione per via di influssi di Nettuno.
8. Una profonda carica di ottimismo vi investirà nel pomeriggio, complice la Luna.
9. Grazie a Nettuno sarete pieni di ambizione ed energia, approfittatene.
10. Il vostro senso dell'ordine e misura si scontrerà con il realismo.
11. Avete delle sfide da vincere, ma avete Marte sfavorevole.
12. La vostra ambizione ed efficienza promette successi sul lavoro grazie a Marte.
13. Siate riservati stamattina, meglio sembrare distaccati.
14. Stasera avrete un elevato senso di responsabilità e di autocontrollo grazie a Urano.
15. Avrete nel pomeriggio le capacità per lavorare duramente, con metodo, e grande attenzione, la Luna vi è favorevole.

16	Non agite stasera in maniera impulsiva, Urano lo sconsiglia.
17	In mattinata sarete molto concentrati, ma non ignorate ciò che vi circonda.
18	La vostra determinazione vi porterà ad un insperato successo con l'influsso di Marte.
19	Giove stasera vi renderà un poco distaccati.
20	Avrete tenacia da vendere, specie nel pomeriggio grazie ad Urano.
21	Mercurio renderà i nati nel vostro segno molto intraprendenti.
22	La vostra sensibilità elevata potrebbe mettervi a rischio a causa di un'amica.
23	In mattinata non avrete un buon fiuto per gli acquisti.
24	Attenti a non rischiare di diventare troppo dominatori in ambito lavorativo.
25	Oggi raggiungerete una buona posizione professionale e materiale.
26	Una profonda carica di ottimismo vi investirà stamattina, complice Mercurio.
27	Siete ambiziosi e avrete la capacità di portare a termine i progetti che vengono intrapresi.
28	Non sarete ammirati ed elogiati per il vostro aiuto.

Gemelli : Marzo

1. Oggi possederete un forte senso della giustizia grazie al Sole.
2. Giove oggi vi renderà un poco distaccati.
3. La vostra sensibilità elevata potrebbe mettervi a rischio stasera a causa di un'amica.
4. Meglio non avere comportamenti materni, Venere è mal messo.
5. Siate più aperti a nuove vedute, ci saranno sorprese in serata grazie a Giove.
6. Giove renderà i nati nel vostro segno molto impulsivi.
7. Non siate troppo indipendenti, Marte lo sconsiglia.
8. In serata Nettuno vi renderà un po' critici.
9. Sarete orgogliosi dei vostri successi, Marte vi darà un aiuto.
10. Sarete freddi e di calcolatori, non è da voi, Giove vi è contrario.
11. Avete bisogno di qualcuno che si prenda cura di voi.
12. Una profonda carica di ottimismo vi investirà in serata.
13. Grazie a Giove sarete ambiziosi e al tempo stesso sensibili, attenzione.
14. I sentimenti inconsci vi ispireranno piacevoli ricordi grazie all'influsso di Giove.
15. I vostri collaboratori non saranno in sintonia con voi, provvedete altrimenti.

16	Avrete tenacia da vendere, specie nel pomeriggio grazie a Nettuno.
17	Non esprimete troppo il vostro pensiero, oggi meglio stare in silenzio.
18	Stamattina avrete un elevato senso di responsabilità e di autocontrollo grazie a Giove.
19	Preferirete lavorare a contatto con gli altri.
20	Meglio esprimersi stamattina in maniera misurata e prudente, il Sole lo consiglia.
21	Il vostro spirito di intraprendenza sarà esaltato grazie alla Luna.
22	Meglio non avere comportamenti materni, Nettuno è mal messo.
23	La Luna stasera vi renderà un poco distaccati.
24	In serata nei confronti degli altri sarete molto estroversi grazie a Venere.
25	In mattinata grazie al Sole sarete dotati di ottima perspicacia.
26	L'energia e l'aggressività si manifestano in maniera idealistica, è un bene.
27	Il vostro lato generoso ed umano si farà avanti nel tardo pomeriggio grazie a Plutone.
28	Piccoli momenti di introversione caratterizzeranno la mattina per colpa del Sole.
29	Il vostro lato generoso ed umano si farà avanti solo in tarda serata grazie a Mercurio.
30	Grazie a Saturno sarete pieni di ambizione ed energia in serata, approfittatene.
31	Il vostro lato generoso ed umano si farà avanti nel tardo pomeriggio grazie a Nettuno.

Gemelli : Aprile

1. In mattinata Saturno vi renderà un po' critici.
2. Stasera possederete un forte senso della giustizia.
3. In serata nei confronti degli altri sarete molto estroversi grazie alla Luna.
4. Marte vi renderà in mattinata ricchi di idee, mettetele a frutto.
5. Il vostro lato sensibile ed dolce si farà avanti nel pomeriggio grazie a Plutone.
6. Piccoli momenti di introversione caratterizzeranno la sera per colpa di Giove.
7. Giove non vi permetterà di esprimervi in maniera disinvolta e chiara.
8. Avrete tenacia da vendere, specie in serata grazie a Saturno.
9. Siete alla ricerca di certezze e quindi obiettivi concreti e utili.
10. Stamattina avrete un innato senso del comando grazie a Urano.
11. Le questioni finanziarie stamattina andranno a gonfie vele grazie al Sole.
12. Giove renderà i nati nel vostro segno poco impulsivi.
13. Non diminuite la fiducia nelle vostre capacità, una spinta arriva da Saturno.
14. Ti stanchi facilmente? Stamattina Nettuno è sfavorevole.
15. Giove vi renderà in serata ricchi di idee, mettetele a frutto.

16	Nel pomeriggio nei confronti degli altri sarete poco estroversi a causa di Saturno.
17	Siete troppo attaccati al lato pratico delle cose, svincolatevi.
18	Avrete il dominio sulle situazioni, coglietele al volo, Marte è con voi.
19	Il Sole renderà i nati nel vostro segno molto impulsivi.
20	I sentimenti inconsci vi ispireranno piacevoli ricordi grazie all'influsso di Nettuno.
21	Siate più aperti a nuove vedute, ci saranno sorprese in mattinata grazie a Venere.
22	Saprete affrontare la sera con disinvoltura e innovazione per via di influssi lunari.
23	Sarete desiderosi di una grande autonomia ed indipendenza.
24	Grazie a Marte sarete pieni di ambizione ed energia, approfittatene.
25	Avrete nuovi temi di osservazione e di meditazione grazie ad influssi di Mercurio.
26	Nei confronti degli altri sarete molto estroversi.
27	Cercate amici non comuni, ma prudenti a non esagerare.
28	Per riuscire a preservare il vostro ottimismo oggi dovrete compiere uno sforzo a causa dell'influenza un po' avversa di
29	Il vostro lato sensibile ed dolce si farà avanti solo in tarda serata grazie a Venere.
30	La vostra eccessiva sensibilità potrebbe compromettere la capacità di agire in modo deciso.

Gemelli : Maggio

1. L'influenza di Giove vi apporterà grande vitalità.
2. Amate la casa e la vita comoda, ma oggi Venere vi farà cambiare idea.
3. Preferirete lavorare più sullo sfondo di un progetto che in prima linea.
4. Non diminuite la fiducia nelle vostre capacità, una spinta arriva da Venere.
5. La vostra sensibilità elevata potrebbe mettervi a rischio a causa di un parente.
6. Sarete orgogliosi dei vostri successi, il Sole vi darà un aiuto.
7. Non lasciatevi intimorire da un parente specie in mattinata.
8. Sarete dotati di un'incredibile resistenza, sarà una giornata intensa.
9. Sarà facile oggi raggiungere la felicità.
10. Qualcosa di travolgente è all'orizzonte.
11. Nettuno questo pomeriggio vi rende poco elastici, lasciate spazio anche agli altri!
12. Sarà abbastanza facile oggi raggiungere la felicità grazie all'influsso di Giove.
13. Il vostro lato sensibile ed dolce si farà avanti in tarda mattinata grazie a Plutone.
14. Nel pomeriggio Giove vi renderà un po' critici.
15. Sarete un po' introversi stamattina, Nettuno vi sfavorisce.

16	Ti stanchi facilmente? Oggi Urano è sfavorevole.
17	Il Sole renderà i nati nel vostro segno molto loquaci.
18	Non esagerate con il senso di possesso, vi metterebbe in cattiva luce.
19	Avrete in mattinata alcuni conflitti tra sensibilità e ragione a causa di Urano.
20	La vostra continua ricerca di verità e l'onestà sarà gratificata.
21	In serata Giove vi renderà un po' critici
22	Sarà molto facile oggi raggiungere la felicità grazie all'influsso di Mercurio.
23	Il vostro lato generoso ed umano si farà avanti in mattinata grazie a Urano.
24	Avrete un fascino un po' particolare grazie alla Luna.
25	Siate riservati, meglio sembrare distaccati.
26	Il vostro lato generoso ed umano si farà avanti in tarda mattinata grazie a Marte.
27	Possederete una carica magnetica insolita, Giove vi ispira.
28	Sarete gentili e generosi, Saturno è dalla vostra parte.
29	Stamattina avrete nuovi temi di osservazione e di meditazione grazie ad influssi di Giove.
30	Le questioni finanziarie stamattina non andranno a gonfie vele grazie a Saturno.
31	Avrete nel pomeriggio le capacità per lavorare duramente, con metodo, e grande attenzione, Mercurio vi è favorevole.

Gemelli : Giugno

1. Desiderate vivere in un'atmosfera familiare favorevole, Marte vi favorisce.
2. In mattinata grazie a Nettuno sarete dotati di ottima perspicacia.
3. Avrete bisogno di libertà, il Sole vi darà conforto.
4. Avrete tenacia da vendere, specie al mattino grazie alla Luna.
5. Non legatevi agli schemi tradizionali, siete anticonformisti.
6. Meglio non avere comportamenti materni, Giove è mal messo.
7. Sarete un po' introversi, Nettuno vi sfavorisce.
8. Saprete affrontare la vita con disinvoltura e innovazione per via di influssi solari.
9. Il vostro lato sensibile ed dolce si farà avanti nel pomeriggio grazie a Marte.
10. Non diminuite la fiducia nelle vostre capacità, una spinta arriva dalla Luna.
11. Non lasciatevi intimorire da un imprevisto.
12. Urano questo pomeriggio vi rende poco flessibili, lasciate spazio anche agli altri!
13. Non lasciatevi intimorire da un amico specie in mattinata.
14. Non siate troppo ostinati, rimarrete con un pugno di mosche.
15. Potresti anche fare lunghi viaggi avventurosi, è un buon periodo.

16	Siate più aperti a nuove vedute, ci saranno sorprese grazie al Sole.
17	Stasera sarete particolarmente sensibili e romantici grazie a Venere.
18	Avrete nel pomeriggio una mentalità razionale e pratica, molto utile.
19	Non agite stasera in maniera impulsiva, Nettuno lo sconsiglia.
20	In ambito professionale darete molta importanza alla capacità organizzativa.
21	Per riuscire a preservare il vostro ottimismo oggi dovrete compiere un sacrificio a causa dell'influenza un po' avversa di
22	Giove vi renderà troppo orgogliosi, datevi una calmata.
23	Avrete alcuni conflitti tra sensibilità e ragione a causa di Urano.
24	In serata non avrete sicuramente il tempo di annoiarvi, Marte vi coinvolgerà.
25	Non esprimete troppo il vostro pensiero, oggi Marte consiglia di meglio stare in silenzio.
26	Stamattina avrete nuovi temi di osservazione e di meditazione grazie ad influssi di Venere.
27	Sarete un po' introversi stamattina, Plutone vi sfavorisce.
28	Avete delle sfide da vincere, ma avete Giove dalla vostra parte.
29	Bisogna cercare di essere un po' più tolleranti, specie verso un'amica.
30	Giornata caratterizzata da una forte volontà, grazie a Saturno favorevole.

Gemelli : Luglio

1. Giove vi renderà ricchi di idee, mettetele a frutto.
2. Non diminuite la fiducia nelle vostre capacità, una spinta arriva dal Sole.
3. Diverrete favorevolmente aperti verso gli altri, è tempo di incontri.
4. Il vostro spirito viaggiatore potrebbe trovare realizzazione.
5. La Luna renderà i nati nel vostro segno poco intraprendenti.
6. Stasera avrete nuovi temi di osservazione e di meditazione grazie ad influssi di Saturno.
7. Non avrete sicuramente il tempo di annoiarvi, Marte vi coinvolgerà.
8. Desiderate vivere in un'atmosfera familiare favorevole, Saturno vi favorisce.
9. Marte stasera vi renderà un poco distaccati.
10. Nel pomeriggio nei confronti degli altri sarete poco estroversi.
11. Cercate di non apparire arroganti, Nettuno vi è contrario.
12. I sentimenti inconsci vi ispireranno piacevoli ricordi grazie all'influsso di Mercurio.
13. Avere un grande spirito osservativo non sempre dà buoni risultati.
14. Il vostro lato sensibile ed dolce si farà avanti nel tardo pomeriggio grazie alla Luna.
15. La vostra ambizione ed efficienza promette successi in amore grazie a Marte.

16	Oggi sarete inquieti ed instabili, a tempi alterni a causa di Marte.
17	Piccoli momenti di introversione caratterizzeranno la sera per colpa di Urano.
18	Avrete tenacia da vendere, specie nel pomeriggio grazie a Saturno.
19	La mente stamattina sarà tendenzialmente irrazionale, ma non preoccupatevi.
20	Non diminuite la fiducia nelle vostre capacità, una spinta arriva da Nettuno.
21	Avrete un particolare intuito in serata.
22	La vostra sensibilità elevata potrebbe mettervi a rischio stasera a causa di un parente.
23	Quante discussioni eccessive e puntigliose a causa di questioni di principio, ma a cosa vi servono?
24	Nel pomeriggio nei confronti degli altri sarete molto estroversi.
25	In mattinata nei confronti degli altri sarete molto estroversi grazie alla Luna.
26	Sarà abbastanza facile stasera raggiungere la felicità grazie all'influsso di Saturno.
27	Non ricercate certo la monotonia, ma non stancatevi troppo.
28	In serata sarete caratterizzati da un'intelligenza molto critica.
29	Sarete un po' introversi nel pomeriggio, Venere vi sfavorisce.
30	La vostra carica emozionale si manifesterà grazie ad Urano.
31	Saturno stamattina vi rende poco flessibili, lasciate spazio anche agli altri!

Gemelli : Agosto

1. Avrete stamattina le capacità per lavorare duramente, con metodo, e grande attenzione, Giove vi è favorevole.
2. Sdrammatizzate e cogliete i lati divertenti della vita.
3. Saturno stamattina vi renderà un poco distaccati.
4. Stasera avrete nuovi temi di osservazione e di meditazione.
5. Avrete tenacia da vendere, specie in serata grazie a Mercurio.
6. Sarà facile oggi raggiungere la felicità grazie all'influsso di Mercurio.
7. Potrebbe finalmente arrivare un successo nella vita professionale grazie alla Luna.
8. Sarete molto orgogliosi dei vostri successi, Giove vi darà un aiuto.
9. Oggi sarete inquieti ed instabili a causa di Mercurio.
10. Nel pomeriggio grazie a Giove sarete dotati di ottima perspicacia.
11. Sarete freddi e di calcolatori, non è da voi, stamattina la Luna vi è contraria.
12. Bisogna cercare di essere un po' più tolleranti, specie verso un parente.
13. Amate la casa e la vita comoda, ma oggi Giove vi farà cambiare idea.
14. La fiducia in voi stessi stamane vacillerà un po'.
15. Il vostro lato sensibile ed dolce si farà avanti nel pomeriggio grazie a Mercurio.

16	Se esercitate in campo artistico oggi potrebbe essere il vostro buon giorno.
17	Meglio esprimersi in maniera misurata e prudente, il Sole lo consiglia.
18	Oggi sarete dinamici e passivi a causa di Mercurio.
19	Il vostro lato generoso ed umano si farà avanti solo in tarda serata grazie al Sole.
20	Il vostro carattere sensibile rischierà di essere ferito da una amica.
21	Sarete un po' sfuggenti, ma da cosa scappate?
22	Sarete spinti da una grande carica di ottimismo specie al pomeriggio, Giove è ok.
23	Sarete seri, pratici e decisionivi, cosa dire di più?
24	Meglio non avere comportamenti materni, Marte è mal messo.
25	Nel pomeriggio nei confronti degli altri sarete poco estroversi a causa di Nettuno.
26	Grazie ad Urano sarete pieni di ambizione ed energia in serata, approfittatene.
27	Non avete voglia di stare con gli altri, Mercurio lo evidenzia.
28	Qualcosa stimolerà parecchio il tuo interesse.
29	Usate maniere scostanti e difficili da capire da chi vi circonda.
30	Avrete tenacia da vendere, specie in serata grazie a Nettuno.
31	Saprete affrontare la sera con disinvoltura e innovazione per via di influssi solari.

Gemelli : Settembre

1. Sarà facile oggi raggiungere la felicità grazie all'influsso di Marte.
2. La vostra sensibilità elevata potrebbe mettervi a rischio stasera.
3. Che coraggio e passionalità! Avete la forza di Venere in poppa.
4. La Luna oggi vi renderà un poco distaccati.
5. La vostra prontezza di riflessi oggi non sarà così proverbiale.
6. Stasera avrete nuovi temi di osservazione e di meditazione grazie ad influssi di Venere.
7. Attenti stamattina a non rischiare di avere una severità eccessiva in ambito famigliare.
8. Possederete una carica magnetica insolita, Marte vi ispira in mattinata.
9. Bisognerà avere il coraggio di nuove azioni.
10. I sentimenti inconsci vi ispireranno piacevoli ricordi grazie all'influsso di Urano.
11. Il vostro lato sensibile ed dolce si farà avanti nel pomeriggio grazie al Sole.
12. Avete delle sfide da vincere, ma avete Mercurio dalla vostra parte.
13. La vostra carica emozionale si manifesterà grazie a Saturno.
14. Venere vi permetterà di esprimervi in maniera disinvolta e chiara.
15. L'ambiente di lavoro oggi sarà poco gradevole.

16	*Le questioni finanziarie stamattina non andranno a gonfie vele.*
17	*Una profonda carica di ottimismo vi investirà stamattina, complice Venere.*
18	*Non siate troppo indipendenti, il Sole lo sconsiglia.*
19	*Vi sentirete un po' spinti alla ribellione ed all'anticonformismo.*
20	*Siate più aperti a nuove vedute, ci saranno sorprese in serata grazie a Saturno.*
21	*Il vostro lato generoso ed umano si farà avanti grazie a Giove.*
22	*Un carico di enegia da Marte, ecco cosa si prospetta per voi in mattinata.*
23	*Siete troppo orgogliosi, datevi una calmata.*
24	*Il vostro lato sensibile ed dolce si farà avanti in serata grazie a Venere.*
25	*Un'avventura romantica o passionale è alle porte, lasciate perdere.*
26	*Sarete freddi e di calcolatori, non è da voi.*
27	*Mercurio stamattina vi renderà un poco distaccati.*
28	*Nel pomeriggio nei confronti degli altri sarete poco estroversi a causa di Giove.*
29	*Troppo aggressività ed impulsività non porterà buoni frutti, Marte non vi aiuta.*
30	*Vivrete in maniera interiore molto emotiva, Saturno vi occhieggia.*

Gemelli : Ottobre

1. Per riuscire a preservare il vostro ottimismo oggi dovrete compiere un sacrificio a causa dell'influenza un po' avversa
2. Che coraggio e passionalità! Avete la forza di Giove in poppa.
3. Avrete il dominio sulle situazioni, coglietele al volo, il Sole è con voi.
4. Riscoprirete grazie ad una amica i piaceri semplici della vita.
5. La vostra ambizione ed efficienza promette successi in amore grazie a Urano.
6. In serata grazie a Giove sarete dotati di ottima perspicacia.
7. Non agite stamattina in maniera impulsiva, la Luna lo sconsiglia.
8. Sarete impegnati contemporaneamente anche su più progetti.
9. Saturno vi rende carichi di emotività, fate attenzione in serata.
10. Sarete un po' introversi nel pomeriggio, Saturno vi sfavorisce.
11. Nel pomeriggio Nettuno vi renderà un po' critici.
12. In mattinata Urano vi darà inventiva ed originalità da vendere, complimenti.
13. Saprete affrontare la mattina con disinvoltura e innovazione per via di influssi di Giove.
14. Nel pomeriggio nei confronti degli altri sarete poco estroversi a causa di Urano.
15. La vostra voglia di libertà sarà messa a dura prova.

16	Sarete un po' introversi stamattina, Urano vi sfavorisce.
17	Stasera avrete un elevato senso di responsabilità e di autocontrollo.
18	Avrete un bisogno di essere rispettati in ambito famigliare.
19	Le questioni finanziarie oggi andranno a gonfie vele grazie a Marte.
20	Oggi possederete un forte senso della giustizia.
21	Il vostro lato sensibile ed dolce si farà avanti nel tardo pomeriggio grazie a Nettuno.
22	Ti stanchi facilmente? Stamattina Giove è sfavorevole.
23	Urano vi renderà molto concreti, potrete realizzare i vostri piani.
24	Sarà abbastanza facile stasera raggiungere la felicità grazie all'influsso di Giove.
25	La vostra sensibilità elevata potrebbe mettervi a rischio stamattina
26	Ti stanchi facilmente? Oggi Marte è sfavorevole.
27	Venere vi renderà troppo gelosi, ciò genera diffidenza.
28	In mattinata avrete successo nella sfera famigliare.
29	Sarete influenzati dal pianeta dell'amore e dei sentimenti.
30	Lasciate perdere stasera gli schemi predefiniti, Mercurio vi stimolerà.
31	Nettuno vi renderà molto concreti, potrete realizzare i vostri piani.

Gemelli : Novembre

1	Nei confronti degli altri sarete poco estroversi a causa di Marte.
2	Lasciate perdere stamattina gli schemi predefiniti, Urano vi stimolerà.
3	Venere vi rende carichi di emotività, fate attenzione nel pomeriggio.
4	Sarete spinti da una grande carica di ottimismo specie al pomeriggio, il Sole è ok.
5	Il vostro lato sensibile ed dolce si farà avanti nel tardo pomeriggio grazie a Mercurio.
6	Saprete affrontare la mattina con disinvoltura e innovazione per via di influssi di Marte.
7	Stasera possederete un forte senso della giustizia grazie a Marte.
8	Avete delle sfide da vincere, ma avete Marte dalla vostra parte.
9	Sarà abbastanza facile oggi raggiungere la felicità grazie all'influsso di Mercurio.
10	Un comportamento grossolano oggi potrebbe ferire chi vi sta accanto.
11	Non si può dimostrare insofferenza nei confronti dell'autorità.
12	Siete sicuri di avere uno spirito focoso ed ardente?
13	Giove vi renderà molto concreti, potrete realizzare i vostri piani.
14	La vostra intelligenza marcata vi renderà molto efficienti grazie a Venere.
15	Vi apprezzeranno per i vostri molteplici interessi.

16	Non riuscite a dimostrare la vostra ambizione, impegnatevi.
17	Non avete voglia di stare con gli altri, Nettuno lo evidenzia.
18	In mattinata la vostra perspicacia oggi avrà ottimi effetti.
19	Dovrete prendervi cura di un caro amico, ma ne varrà la pena.
20	Sarete caratterizzati da un'intelligenza molto critica.
21	Urano vi renderà impazienti, rilassatevi.
22	Stamattina avrete un innato senso del comando grazie a Mercurio.
23	Avrete un elevato senso di responsabilità e di autocontrollo grazie a Saturno.
24	In mattinata nei confronti degli altri sarete poco estroversi a causa di Saturno.
25	Avrete in mattinata alcuni conflitti tra sensibilità e ragione a causa del Sole.
26	Per riuscire a preservare il vostro ottimismo oggi dovrete compiere un sacrificio a causa dell'influenza un po' avversa di
27	La mente oggi sara tendenzialmente irrazionale, ma non preoccupatevi.
28	Sarete freddi e di calcolatori, non è da voi ,Urano vi è contrario.
29	I vostri sentimenti profondi e fedeli oggi saranno riconosciuti.
30	Non avete voglia di stare con gli altri, Marte lo evidenzia.

Gemelli : Dicembre

1. Il vostro lato generoso ed umano si farà avanti solo in tarda serata grazie a Nettuno.
2. Se non coltivate interessi filosofici è il caso di provvedere.
3. Grazie a Plutone sarete ambiziosi e al tempo stesso sensibili, attenzione.
4. Sarà molto facile oggi raggiungere la felicità grazie all'influsso di Marte.
5. Tenderete ad esprimervi in maniera misurata e prudente, la Luna stamattina vi controlla.
6. Non avrete sicuramente il tempo di annoiarvi, il Sole vi coinvolgerà.
7. Siate più aperti a nuove vedute, ci saranno sorprese grazie a Urano.
8. Meglio adottare metodi e punti di vista comuni, specie negli affari.
9. Il vostro lato generoso ed umano si farà avanti in mattinata grazie a Mercurio.
10. Attenti a non ricercare troppo il bisogno di conferme, Plutone vi è nocivo.
11. La vostra gelosia e possessività possono essere pericolose, attenti.
12. Sarete consapevoli che esistono inevitabilmente degli impegni.
13. Bisogna cercare di essere un po' più tolleranti, specie verso gli altri.
14. Il vostro lato sensibile ed dolce si farà avanti in mattinata grazie a Urano.
15. Avrete un elevato senso di responsabilità e di autocontrollo.

16	Per riuscire a preservare il vostro ottimismo oggi dovrete compiere un sacrificio a causa dell'influenza un po' avversa di
17	Attenti stasera a non rischiare di diventare troppo dominatori in ambito famigliare.
18	Stasera sarete influenzati dal pianeta dell'amore e dei sentimenti.
19	Avete delle sfide da vincere, ma avete Nettuno sfavorevole.
20	Sarà facile oggi raggiungere la felicità grazie all'influsso di Giove.
21	Meglio esprimersi in maniera misurata e prudente, Marte lo consiglia.
22	Possederete una carica magnetica insolita, la Luna vi ispira in mattinata.
23	Sarete molto concentrati, ma non ignorate ciò che vi circonda.
24	Ti stanchi facilmente? Oggi Saturno è sfavorevole.
25	Una profonda carica di ottimismo vi investirà nel pomeriggio, complice Marte.
26	Avrete bisogno di libertà, Saturno vi darà conforto.
27	Avrete capacità di accumulare denaro sia per voi che per gli altri.
28	Sarete attratti dalle cose lontane, un'occasione insperata?
29	Stamattina avrete un elevato senso di responsabilità e di autocontrollo grazie a Marte.
30	Vivrete in maniera interiore molto emotiva, il Sole vi occhieggia.
31	Ci sarà qualcuno che non è daccordo con le vostre opinioni e idee.

Cancro : Gennaio

1. *Troverete chi saprà capire le vostre esigenze di spirito familiare.*
2. *Saprete affrontare la vita con disinvoltura e innovazione per via di influssi di Saturno.*
3. *Il lato pratico delle questioni, questo è il vostro piatto forte.*
4. *Mirate al sodo delle cose, Marte vi incoraggia.*
5. *Avrete opinioni personali che saranno mutevoli e facilmente influenzabili.*
6. *Possederete una carica magnetica insolita, Venere vi ispira.*
7. *Grazie a Urano agirete di slancio per avere più autorità.*
8. *Potrebbe finalmente arrivare un successo nella vita professionale grazie a Nettuno.*
9. *Avrete alcuni conflitti tra sensibilità e ragione a causa di Mercurio.*
10. *Marte vi rende carichi di emotività, fate attenzione.*
11. *Non siate troppo rigidi e seriosi se volete farvi apprezzare.*
12. *Avrete un'incredibile attrazione per la casa e la famiglia per via di Marte.*
13. *Il vostro lato generoso ed umano si farà avanti in tarda mattinata.*
14. *Sarete un po' introversi stamattina, Giove vi sfavorisce.*
15. *In serata Urano vi renderà un po' critici.*

16	Ti stanchi facilmente? Stamattina Plutone è sfavorevole.
17	Giornata da dedicare alle amicizie grazie alla spinta data da Mercurio.
18	In serata nei confronti degli altri sarete poco estroversi a causa di Marte.
19	Stamattina mirate al sodo delle cose, Mercurio vi incoraggia.
20	Giornata ottima per le relazioni interpersonali, buona fortuna.
21	Saturno questo pomeriggio vi rende poco flessibili, lasciate spazio anche agli altri!
22	La sicurezza in termini materiali e finanziari sarà un obiettivo lento da raggiungere.
23	Stasera mirate al sodo delle cose, Giove vi incoraggia.
24	Non ammettete sospetti o difetti, ma siate più comprensivi.
25	Oggi sarete dinamici e passivi, a tempi alterni a causa di Marte.
26	Le questioni finanziarie stamattina non andranno a gonfie vele grazie a Marte.
27	Avrete le capacità per lavorare duramente, con metodo, e grande attenzione, la Luna vi è favorevole.
28	Avete delle sfide da vincere, ma avete Mercurio sfavorevole.
29	In serata nei confronti degli altri sarete poco estroversi a causa di Giove.
30	Venere non vi permetterà di esprimervi in maniera disinvolta e chiara.
31	In mattinata sarete caratterizzati da un'intelligenza critica.

Cancro : Febbraio

1. Sarete molto aperti verso le nuove idee, specialmente al mattino.
2. Non siate troppo rigidi e seriosi se volete farvi apprezzare sul lavoro.
3. Per riuscire a preservare il vostro ottimismo oggi dovrete compiere un grande sforzo a causa dell'influenza un po'
4. Non agite stasera in maniera impulsiva, Saturno lo sconsiglia.
5. Attenti a non ricercare troppo il bisogno di conferme, Marte vi è nocivo.
6. Giove vi farà agire senza tatto e giudiziosità, combinerete un bel guaio.
7. Potrebbe finalmente arrivare un successo nella vita professionale.
8. Nel pomeriggio Urano vi renderà un po' critici.
9. In mattinata non avrete successo nella sfera domestica.
10. Giove non vi renderà molto eloquenti, non rammaricatevene.
11. Il vostro lato generoso ed umano si farà avanti in tarda mattinata grazie a Mercurio.
12. Una profonda carica di ottimismo vi investirà, complice Marte.
13. Avrete il dominio sulle situazioni, coglietele al volo, Giove è con voi.
14. In giornata avrete inventiva ed originalità da vendere, complimenti.
15. Saprete affrontare la sera con disinvoltura e innovazione per via di influssi di Mercurio.

16	*Stasera mirate al sodo delle cose, Venere vi incoraggia.*
17	*Stamattina avrete un elevato senso di responsabilità e di autocontrollo grazie al Sole.*
18	*La vostra carica intuitiva sarà utile sul piano amoroso.*
19	*Avrete il dominio sulle situazioni, coglietele al volo, Plutone è con voi.*
20	*Per riuscire a preservare il vostro ottimismo oggi dovrete compiere un grande sforzo a causa dell'influenza un po'*
21	*Siate più aperti a nuove vedute, ci saranno sorprese in mattinata.*
22	*Bisognerebbe cercare di essere un po' più riflessivi.*
23	*Stamattina avrete un elevato senso di responsabilità e di autocontrollo grazie a Nettuno.*
24	*Siete dotati di pensieri ambiziosi, portateli avanti il prima possibile.*
25	*Stamattina avrete un innato senso del comando grazie alla Luna.*
26	*Avrete una grande forza di volontà e la personalità sarà caratterizzata dal desiderio di differenziarsi dagli altri.*
27	*Il tuo fascino misterioso sarà messo in discussione.*
28	*Avrete caratteristiche quali la precisione, la perseveranza e la risolutezza.*

Cancro : Marzo

1. Non siate troppo indipendenti, Venere lo sconsiglia.
2. Avete dei modi di fare un po' austeri, lasciatevi andare.
3. Non fatevi scoraggiare da un amico, l'ostacolo non sarà reale.
4. Vi sentite instancabili, Urano vi aiuta.
5. Oggi sarete inquieti ed instabili, a tempi alterni a causa di Venere.
6. Possederete una carica magnetica insolita, Saturno vi ispira.
7. Sarete molto influenzati in serata nella sfera emotiva da un amico.
8. Giove renderà i nati nel vostro segno poco loquaci.
9. Marte renderà i nati nel vostro segno molto audaci.
10. Il senso di giustizia che avete sarà ben valorizzato.
11. Mercurio vi renderà molto concreti, potrete realizzare i vostri piani.
12. Avrete nuovi temi di osservazione e di meditazione grazie ad influssi di Nettuno.
13. La pazienza ed il tatto oggi non saranno il vostro forte a causa di Giove.
14. Saturno renderà i nati nel vostro segno poco loquaci.
15. Desiderate vivere in un'atmosfera familiare favorevole, la Luna vi favorisce.

16	Saturno vi darà grandi aiuti per concludere i vostri affari.
17	Il vostro lato sensibile ed dolce si farà avanti nel tardo pomeriggio.
18	I vostri scopi ideali o nobili saranno apprezzati.
19	Le situazioni ambigue non fanno per voi, prudenza in mattinata.
20	Stasera avrete un innato senso del comando grazie a Giove.
21	Giove vi renderà troppo combattivi, non provocate discussioni.
22	Marte renderà i nati nel vostro segno poco audaci.
23	La vostra eccessiva sensibilità potrebbe compromettere la fiducia in voi stessi.
24	Non lasciatevi intimorire da un parente.
25	Piccoli momenti di introversione caratterizzeranno la giornata per colpa del Sole.
26	Qualcosa o qualcuno potrà farvi scoraggiare nel perseguire un obiettivo.
27	Saprete affrontare la sera con disinvoltura e innovazione per via di influssi di Plutone.
28	Avrete bisogno di libertà, Marte vi darà conforto.
29	Non lasciatevi intimorire da un amico specie nel pomeriggio.
30	Agirete di slancio per avere più autorità.
31	Il vostro lato generoso ed umano si farà avanti in mattinata grazie al Sole.

Cancro : Aprile

1. Avrete tenacia da vendere, specie al mattino grazie a Marte.
2. Avrete in mattinata alcuni conflitti tra sensibilità e ragione a causa di Mercurio.
3. Avrete notevoli energie grazie all'influsso del Sole.
4. Saturno vi renderà in mattinata ricchi di idee, mettetele a frutto.
5. Il vostro lato sensibile ed dolce si farà avanti solo in tarda serata grazie al Sole.
6. Non avrete sicuramente il tempo di annoiarvi, la Luna vi coinvolgerà.
7. Grazie a Nettuno sarete pieni di ambizione ed energia in serata, approfittatene.
8. Il vostro lato generoso ed umano si farà avanti nel tardo pomeriggio grazie a Giove.
9. Avrete nel pomeriggio le capacità per lavorare duramente, con metodo, e grande attenzione, Saturno vi è favorevole.
10. Non lasciatevi intimorire da un imprevisto specie nel pomeriggio.
11. Attenti stasera a non rischiare di avere una severità eccessiva in ambito sociale.
12. In serata Marte vi darà inventiva ed originalità da vendere, complimenti.
13. Non diminuite la fiducia in voi stessi, una spinta arriva da Nettuno.
14. Procedete con ordine e metodo, Marte vi disorienterà.
15. Siate più aperti a nuove vedute, ci saranno sorprese in serata grazie a Venere.

16	*La vostra intelligenza marcata vi renderà molto efficienti grazie alla Luna.*
17	*Avrete stamattina le capacità per lavorare duramente, con metodo, e grande attenzione, Marte vi è favorevole.*
18	*Tenderete ad esprimervi in maniera misurata e prudente, Venere stasera vi controlla.*
19	*Avrete un bisogno di essere riconosciuti.*
20	*Una profonda carica di ottimismo vi investirà.*
21	*Dovrete prendervi cura di un parente, ma ne varrà la pena.*
22	*Siete sensibili, stasera Marte vi renderà vulnerabili negli affari di cuore.*
23	*Sarete spinti da una grande carica di ottimismo specie alla sera, il Sole è ok.*
24	*Il vostro lato sensibile ed dolce si farà avanti grazie a Marte.*
25	*Sarete un po' introversi stamattina, la Luna vi sfavorisce.*
26	*Le questioni finanziarie stamattina andranno a gonfie vele.*
27	*Stasera avrete un elevato senso di responsabilità e di autocontrollo grazie a Saturno.*
28	*Tenderete ad esprimervi in maniera misurata e prudente, Urano stasera vi controlla.*
29	*La pazienza ed il tatto stasera non saranno il vostro forte a causa di Marte.*
30	*Vivrete in maniera interiore molto emotiva, la Luna vi occhieggia.*

Cancro : Maggio

1. *Il coraggio e la passionalità oggi saranno il vostro punto debole per via di Venere.*
2. *A volte avete dei modi di fare un po' austeri, che possono tendere a far allontanare le persone.*
3. *In serata la Luna vi renderà un po' critici.*
4. *Giove vi darà grandi aiuti per concludere i vostri affari.*
5. *Procedete con ordine e metodo, la Luna vi disorienterà.*
6. *Marte non vi renderà molto eloquenti, non rammaricatevene.*
7. *Il vostro lato sensibile ed dolce si farà avanti in mattinata grazie a Plutone.*
8. *Non spendete troppe energie, Giove vi è sfavolevole.*
9. *Nettuno oggi vi renderà un poco distaccati.*
10. *Il vostro lato sensibile ed dolce si farà avanti in serata grazie a Nettuno.*
11. *Saprete affrontare la mattina con disinvoltura e innovazione per via di influssi solari.*
12. *La pazienza ed il tatto stamattina non saranno il vostro forte.*
13. *Non diminuite la fiducia nelle vostre capacità, una spinta arriva da Urano.*
14. *Oggi possederete un forte senso della giustizia grazie a Marte.*
15. *La pazienza ed il tatto oggi non saranno il vostro forte a causa di Marte.*

16	Ti stanchi facilmente? Stamattina Saturno è sfavorevole.
17	Potrebbe finalmente arrivare un successo nella vita professionale grazie a Mercurio.
18	Il vostro lato sensibile ed dolce si farà avanti grazie a Plutone.
19	Sarete spinti da una grande carica di ottimismo specie al mattino.
20	Avrete le capacità per lavorare duramente, con metodo, e grande attenzione, Urano vi è favorevole.
21	Avete delle sfide da vincere, ma avete la Luna dalla vostra parte.
22	Il vostro lato sensibile ed dolce si farà avanti.
23	Le questioni finanziarie oggi non andranno a gonfie vele.
24	Sarete molto responsabili e saranno presenti buone capacità decisionali.
25	Grazie alla Luna sarete ambiziosi e al tempo stesso sensibili, attenzione.
26	Non siate troppo conservatori, sfruttate la spinta di Venere.
27	In serata grazie alla Luna sarete dotati di ottima perspicacia.
28	Marte stasera vi renderà poco flessibili, lasciate spazio anche agli altri!
29	Avrete stamattina le capacità per lavorare duramente, con metodo, e grande attenzione, Saturno vi è favorevole.
30	Nel pomeriggio nei confronti degli altri sarete molto estroversi grazie alla Luna.
31	Sarà molto facile stasera raggiungere la felicità grazie all'influsso di Venere.

Cancro : Giugno

1. Sarete un po' introversi nel pomeriggio, Marte vi sfavorisce.
2. In mattinata grazie al Sole sarete dotati di ottima perspicacia.
3. Urano stamattina vi renderà un poco distaccati.
4. In mattinata Marte vi renderà un po' critici.
5. Stasera possederete un forte senso della giustizia grazie a Giove.
6. Tenderete ad esprimervi in maniera misurata e prudente, Marte stamattina vi controlla.
7. Sarete particolarmente creativi, con un sacco di idee, Urano vi stimola.
8. Sarà facile oggi raggiungere la felicità grazie all'influsso del Sole.
9. Avrete un particolare intuito in mattinata.
10. Avrete bisogno di libertà, Plutone vi darà conforto.
11. Desiderate vivere in un'atmosfera familiare favorevole, Giove vi favorisce.
12. Sarà molto facile oggi pomeriggio raggiungere la felicità grazie all'influsso di Giove.
13. Ti stanchi facilmente? Stamattina Marte è sfavorevole.
14. Vivrete in maniera interiore molto emotiva, Urano vi occhieggia.
15. Non spendete troppe energie, il Sole vi è sfavolevole.

16	Avrete alcuni conflitti tra sensibilità e ragione a causa del Sole.
17	Per riuscire a preservare il vostro ottimismo oggi dovrete compiere un sacrificio a causa dell'influenza un po' avversa di
18	Lasciate perdere stamattina gli schemi predefiniti, Mercurio vi stimolerà.
19	La Luna stasera vi renderà poco flessibili, lasciate spazio anche agli altri!
20	Che meraviglia, oggi avrete un tocco di fascino un po' particolare.
21	Non agite stamattina in maniera impulsiva, Nettuno lo sconsiglia.
22	Oggi vi sentirete particolarmente eloquenti, approfittate delle situazioni.
23	Evitate eccessi di gelosia e possessività, vi danneggeranno.
24	Avrete alcuni conflitti tra sensibilità e ragione a causa di Plutone.
25	Oggi sarà facile elaborare due pensieri diversi allo stesso tempo.
26	Attenzione a non assumere atteggiamenti egoistici.
27	Sarà abbastanza facile oggi raggiungere la felicità grazie all'influsso di Saturno.
28	Non affrontate i problemi con timore, non li risolverete.
29	Avrete l'animo così creativo e predisposto verso ideali umanitari.
30	Grazie ad Urano sarete pieni di ambizione ed energia, approfittatene.

Cancro : Luglio

1. Procedete con ordine e metodo, Plutone vi disorienterà.
2. Non diminuite la fiducia in voi stessi, una spinta arriva da Marte.
3. Dovreste limitare l'attaccamento ai beni materiali e alle forme di possesso.
4. Sarete sempre in movimento, dinamici.
5. Dovrete prendervi cura di un nemico, ma ne varrà la pena.
6. Vi sentite instancabili, la Luna vi aiuta.
7. Questo pomeriggio sarà facile elaborare due pensieri diversi allo stesso tempo.
8. I vostri scopi ideali o nobili saranno apprezzati da un parente.
9. Possederete una carica magnetica insolita, il Sole vi ispira in mattinata.
10. Avrete alcuni conflitti tra sensibilità e ragione a causa di Nettuno.
11. Urano stamattina vi rende poco flessibili, lasciate spazio anche agli altri!
12. Una profonda carica di ottimismo vi investirà stamattina, complice Marte.
13. Oggi non siate troppo critici, non ne vale la pena.
14. Piccoli momenti di introversione caratterizzeranno la sera per colpa di Venere.
15. Per riuscire a preservare il vostro ottimismo oggi dovrete compiere un grande sforzo a causa dell'influenza un po'

16	Avrete un innato senso del comando grazie a Marte.
17	La vostra intelligenza marcata vi renderà molto efficienti grazie a Marte.
18	Il vostro lato generoso ed umano si farà avanti in tarda mattinata grazie a Venere.
19	In mattinata Giove vi renderà un po' critici.
20	Il vostro lato generoso ed umano si farà avanti in mattinata grazie a Giove.
21	Sarà abbastanza facile oggi raggiungere la felicità grazie all'influsso di Venere.
22	Nettuno vi farà agire senza tatto e giudiziosità, combinerete un bel guaio.
23	Avrete tenacia da vendere, specie nel pomeriggio grazie a Mercurio.
24	Oggi sarete dinamici e passivi, a tempi alterni a causa della Luna.
25	Stasera sarà difficile elaborare due pensieri diversi allo stesso tempo.
26	Giove vi renderà impazienti, rilassatevi.
27	Piccoli momenti di introversione caratterizzeranno la mattina per colpa di Marte.
28	Giornata da vivere in modo romantico e un po' capriccioso.
29	Sarete un po' introversi nel pomeriggio, Plutone vi sfavorisce.
30	Nel pomeriggio sarete ricchi di idee, mettetele a frutto.
31	Il vostro lato generoso ed umano si farà avanti in serata grazie al Sole.

Cancro : Agosto

1. Sarà abbastanza facile oggi pomeriggio raggiungere la felicità grazie all'influsso di Mercurio.
2. Mirate al sodo delle cose, Giove vi incoraggia.
3. Sarete particolarmente sensibili e romantici grazie a Venere.
4. Una profonda carica di ottimismo vi investirà in serata, complice Venere.
5. Non siate puntigliosi, perdete tempo.
6. Stasera avrete nuovi temi di osservazione e di meditazione grazie ad influssi di Giove.
7. Il coraggio e la passionalità oggi saranno il vostro punto forte.
8. Possederete una carica magnetica insolita, Urano vi ispira in serata.
9. Per riuscire a preservare il vostro ottimismo oggi dovrete compiere un sacrificio a causa dell'influenza un po' avversa di
10. Neanche voi riuscirete a tollerare la vostra innata gelosia.
11. Avete dei modi di fare un po' austeri, rispettate gli altri.
12. Qualcuno stasera stimolerà parecchio il tuo interesse.
13. La vita amorosa sarà ricca di esperienze, amate le novità ed i cambiamenti.
14. La vostra ambizione ed efficienza promette successi in affari grazie a Marte.
15. Mercurio renderà i nati nel vostro segno poco loquaci.

16	Lasciate perdere gli schemi predefiniti, Marte vi stimolerà.
17	Sarete tesi a risolvere i problemi pratici con tempismo e prontezza.
18	Sarà molto facile oggi raggiungere la felicità grazie all'influsso di Saturno.
19	In mattinata nei confronti degli altri sarete molto estroversi.
20	Avrete un bisogno di essere rispettati in ambito lavorativo.
21	Il vostro lato generoso ed umano si farà avanti nel pomeriggio grazie alla Luna.
22	Piccoli momenti di introversione caratterizzeranno la giornata per colpa di Marte.
23	Tenderete ad esprimervi in maniera misurata e prudente, il Sole stamattina vi controlla.
24	Siete troppo precisi e meticolosi, ma avrete molto successo.
25	Il vostro carattere sensibile rischierà di essere ferito.
26	Oggi sarete alla ricerca del perfezionismo, ma sarà difficile da ottenere.
27	Avrete notevoli energie grazie all'influsso di Venere.
28	Saprete affrontare la sera con disinvoltura e innovazione per via di influssi di Urano.
29	Sarete riluttanti ad abbandonare completamente la vecchia strada.
30	Siete alla ricerca di indipendenza, libertà e possibilità di agire in modo autonomo.
31	Non agite in maniera impulsiva, il Sole lo sconsiglia.

Cancro : Settembre

1. Vi sentite instancabili, il Sole vi aiuta.
2. Per riuscire a preservare il vostro ottimismo oggi dovrete compiere un sacrificio a causa dell'influenza un po' avversa di
3. Sarete molto influenzati in mattinata nella sfera emotiva da un parente.
4. Attenti a non ricercare troppo il bisogno di conferme, Saturno vi è nocivo.
5. Oggi avrete un qualcosa di "mistico".
6. Un comportamento grossolano oggi pomeriggio potrebbe ferire chi vi sta accanto.
7. Sarete un po' introversi stasera, Nettuno vi sfavorisce.
8. Saprete affrontare la mattina con disinvoltura e innovazione per via di influssi di Plutone.
9. Una profonda carica di ottimismo vi investirà, complice la Luna.
10. La vostra sensibilità elevata potrebbe mettervi a rischio stamattina
11. Le questioni finanziarie oggi andranno a gonfie vele.
12. Qualcuno stamane stimolerà parecchio la tua curiosità.
13. Meglio esprimersi stamattina in maniera misurata e prudente, Mercurio lo consiglia.
14. Siate più aperti a nuove vedute, ci saranno sorprese in mattinata grazie al Sole.
15. Siete troppo generosi, attenti a non essere sfruttati.

16	In mattinata Saturno vi darà inventiva ed originalità da vendere, complimenti.
17	Sarete un po' introversi, la Luna vi sfavorisce.
18	Sarete attratti verso compiti impegnativi e difficili.
19	Oggi sarà semplice ottenere quanto prefissato con un buon dominio sulle situazioni.
20	Sarete un po' introversi stamattina, Saturno vi sfavorisce.
21	Stamattina avrete un innato senso del comando grazie a Nettuno.
22	Amate la casa e la vita comoda, ma oggi Mercurio vi farà cambiare idea.
23	La vostra aggressività è esuberante, senza vie di mezzo.
24	La fiducia in voi stessi stasera vacillerà un po'.
25	In serata grazie a Saturno sarete dotati di ottima perspicacia.
26	Diverrete favorevolmente aperti verso gli altri, è tempo di conoscenze.
27	Giove renderà i nati nel vostro segno molto loquaci.
28	Avrete tenacia da vendere, specie nel pomeriggio grazie al Sole.
29	Sarete freddi e di calcolatori, non è da voi ,stamattina Nettuno vi è contrario.
30	Avrete tenacia da vendere, specie in serata grazie a Giove.

Cancro : Ottobre

1. La vostra sensibilità elevata potrebbe mettervi a rischio stasera a causa di un amico.
2. Il coraggio e la passionalità oggi saranno il vostro punto debole per via di Marte.
3. La vostra ambizione ed efficienza promette successi in affari grazie a Plutone.
4. Saturno renderà i nati nel vostro segno poco audaci.
5. Avrete le capacità per lavorare duramente, con metodo, e grande attenzione, Marte vi è favorevole.
6. Meglio adottare metodi e punti di vista comuni, specie in famiglia.
7. Piccoli momenti di introversione caratterizzeranno la giornata per colpa di Venere.
8. Avrete poche capacità per emergere ed imporvi sugli altri.
9. Siate più aperti a nuove vedute, ci saranno sorprese grazie a Saturno.
10. In mattinata non avrete sicuramente il tempo di annoiarvi, la Luna vi coinvolgerà.
11. Il vostro lato generoso ed umano si farà avanti grazie a Venere.
12. Difenderete tenacemente le vostre convinzioni morali, vi sentite in pericolo.
13. Le esperienze vissute influenzeranno positivamente la vita presente.
14. Non siate troppo attenti all'aspetto estetico, oggi Venere non è propizia.
15. Mercurio renderà i nati nel vostro segno poco intraprendenti.

16	Una profonda carica di ottimismo vi investirà in serata, complice Mercurio.
17	Meglio non avere comportamenti materni, Plutone è mal messo.
18	In mattinata nei confronti degli altri sarete poco estroversi a causa di Nettuno.
19	Il coraggio e la passionalità oggi saranno il vostro punto forte grazie a Venere.
20	Attenti stamattina a non rischiare di diventare troppo dominatori in ambito famigliare.
21	Sarete favorevolmente aperti verso gli altri, è tempo di conoscenze.
22	Procedete con ordine e metodo, Urano vi disorienterà.
23	Avrete nuovi temi di osservazione e di meditazione grazie ad influssi di Venere.
24	La vostra voglia di libertà sarà messa a dura prova a causa di Saturno.
25	Sarete un po' introversi, Marte vi sfavorisce.
26	Avrete bisogno di libertà, Giove vi darà conforto.
27	Stamattina possederete un forte senso della giustizia grazie a Giove.
28	Avrete stamattina le capacità per lavorare duramente, con metodo, e grande attenzione, la Luna vi è favorevole.
29	Attenti stasera a non rischiare di diventare troppo dominatori in ambito sociale.
30	Mirate al sodo delle cose, Saturno vi incoraggia.
31	Avrete nel pomeriggio le capacità per lavorare duramente, con metodo, e grande attenzione, Marte vi è favorevole.

Cancro : Novembre

1. *Il vostro lato generoso ed umano si farà avanti nel tardo pomeriggio.*
2. *Nei confronti degli altri sarete molto estroversi grazie a Venere.*
3. *Desiderate vivere in un'atmosfera familiare favorevole, Nettuno vi favorisce.*
4. *La vostra richiesta d'affetto sarà raccolta ma all'ultimo momento.*
5. *Sarete ammirati ed elogiati per il vostro carattere.*
6. *Per riuscire a preservare il vostro ottimismo oggi dovrete compiere un sacrificio.*
7. *Il coraggio e la passionalità oggi saranno il vostro punto forte grazie a Marte.*
8. *La Luna renderà i nati nel vostro segno poco impulsivi.*
9. *Grazie al Sole sarete pieni di ambizione ed energia, approfittatene.*
10. *Avrete un'incredibile attrazione per la casa e la famiglia per via di Mercurio.*
11. *Stasera avrete un innato senso del comando grazie a Mercurio.*
12. *Il vostro lato sensibile ed dolce si farà avanti solo in tarda serata grazie a Urano.*
13. *La Luna vi permetterà di esprimervi in maniera disinvolta e chiara.*
14. *In mattinata avrete un buon fiuto per gli acquisti.*
15. *La Luna vi rende i sentimenti impulsivi ed impazienti, la giornata sarà molto attiva.*

16	*Non siate troppo indipendenti, Nettuno lo sconsiglia.*
17	*La vita amorosa sarà ricca di esperienze.*
18	*Non spendete troppe energie, Marte vi è sfavolevole.*
19	*Avrete in serata alcuni conflitti tra sensibilità e ragione a causa di Nettuno.*
20	*Calcolate in modo appropriato i rischi che devono essere affrontati.*
21	*Non siate troppo conservatori, sfruttate la spinta della Luna.*
22	*Non siate riservati stamattina, sembrate distaccati.*
23	*Giove vi rende carichi di emotività, fate attenzione.*
24	*Oggi non saranno molto favoriti gli studi e l'apprendimento in generale.*
25	*Avrete notevoli energie grazie all'influsso di Marte.*
26	*Non lasciatevi intimorire da un imprevisto specie in mattinata.*
27	*Per riuscire a preservare il vostro ottimismo oggi dovrete compiere uno sforzo.*
28	*Nel pomeriggio avrete un buon fiuto per gli affari.*
29	*Per riuscire a preservare il vostro ottimismo oggi dovrete compiere uno sforzo a causa dell'influenza un po' avversa di*
30	*Per riuscire a preservare il vostro ottimismo oggi dovrete compiere un grande sforzo a causa dell'influenza un po'*

Cancro : Dicembre

1. Per riuscire a preservare il vostro ottimismo oggi dovrete compiere un sacrificio.
2. I vostri scopi ideali o nobili saranno apprezzati da un collega.
3. Il vostro lato generoso ed umano si farà avanti grazie a Nettuno.
4. Lasciate perdere stasera gli schemi predefiniti, Nettuno vi stimolerà.
5. State pensando troppo alla vostra persona, pensate anche agli altri!
6. Non agite in maniera impulsiva, la Luna lo sconsiglia.
7. Non diminuite la fiducia in voi stessi, una spinta arriva da Mercurio.
8. Nel pomeriggio avrete successo nella sfera famigliare.
9. Amate le cose concrete, specie la carriera, ma buttate il tempo.
10. Ricercate il giusto equilibrio nel modo di comportarvi.
11. Non lasciatevi intimorire da un parente specie nel pomeriggio.
12. Siate più aperti a nuove vedute, ci saranno sorprese in serata grazie a Mercurio.
13. Attenti a non rischiare di diventare troppo dominatori in ambito famigliare.
14. Il vostro lato generoso ed umano si farà avanti in serata grazie alla Luna.
15. Lasciate perdere stasera gli schemi predefiniti, Giove vi stimolerà.

16	Oggi sarete inquieti ed instabili a causa di Marte.
17	Mercurio renderà i nati nel vostro segno poco audaci.
18	Prestate attenzione a non dimostrarvi troppo sicuri delle vostre capacità.
19	Il vostro lato sensibile ed dolce si farà avanti grazie a Mercurio.
20	Avrete un particolare intuito, che trae esperienza dal passato.
21	Avrete tenacia da vendere, specie in serata grazie al Sole.
22	Sarete freddi e di calcolatori, non è da voi ,Marte vi è contrario.
23	La vostra loquacità sarà all'apice in serata.
24	La Luna stasera vi renderà un poco distaccati.
25	Sarete pieni di iniziative, specie nel pomeriggio.
26	Il vostro lato sensibile ed dolce si farà avanti in serata grazie a Urano.
27	Nel pomeriggio grazie a Marte sarete dotati di ottima perspicacia.
28	La Luna renderà i nati nel vostro segno molto intraprendenti.
29	Sarete particolarmente creativi, con un sacco di idee, Saturno vi stimola.
30	Stamattina mirate al sodo delle cose, Marte vi incoraggia.
31	Saturno vi farà agire senza tatto e giudiziosità, combinerete un bel guaio.

Leone : Gennaio

1. La Luna vi darà grandi aiuti per concludere i vostri affari.
2. Non agite stasera in maniera impulsiva, Venere lo sconsiglia.
3. Siate più aperti a nuove vedute, ci saranno sorprese in serata grazie al Sole.
4. Avrete il dominio sulle situazioni, coglietele al volo, Nettuno è con voi.
5. Stamattina avrete nuovi temi di osservazione e di meditazione grazie ad influssi di Marte.
6. Avrete stamattina le capacità per lavorare duramente, con metodo, e grande attenzione, il Sole vi è favorevole.
7. In serata grazie a Marte sarete dotati di ottima perspicacia.
8. La vostra ambizione ed efficienza promette successi sul lavoro grazie a Nettuno.
9. La vostra ricerca di novità non si ferma mai, oggi avrete una sorpresa.
10. In serata sarete molto concentrati, ma non ignorate ciò che vi circonda.
11. Sarà molto facile oggi pomeriggio raggiungere la felicità grazie all'influsso di Saturno.
12. Qualcosa stimolerà parecchio la tua curiosità.
13. Sarete particolarmente creativi, con un sacco di idee, Venere vi stimola.
14. Sarete ricchi di idee, mettetele a frutto.
15. Avrete le capacità per lavorare duramente, con metodo, e grande attenzione, Plutone vi è favorevole.

16	*La pazienza ed il tatto stamattina non saranno il vostro forte a causa di Giove.*
17	*La vostra carica emozionale si manifesterà grazie a Nettuno.*
18	*Nel pomeriggio nei confronti degli altri sarete molto estroversi grazie a Venere.*
19	*La fiducia nelle vostre capacità oggi vacillerà un po'.*
20	*Il vostro lato generoso ed umano si farà avanti in mattinata grazie a Plutone.*
21	*Per riuscire a preservare il vostro ottimismo oggi dovrete compiere un sacrificio a causa dell'influenza un po' avversa di*
22	*Sarete poco vivaci e ciò vi farà assimilare molto lentamente delle nozioni.*
23	*Sarete spinti da una grande carica di ottimismo specie al mattino, Marte è ok.*
24	*Il vostro lato sensibile ed dolce si farà avanti in mattinata grazie a Venere.*
25	*Sarà abbastanza facile stasera raggiungere la felicità grazie all'influsso di Mercurio.*
26	*Una profonda carica di ottimismo vi investirà, complice Mercurio.*
27	*Meglio non avere comportamenti materni, Mercurio è mal messo.*
28	*Avete delle sfide da vincere, ma avete il Sole dalla vostra parte.*
29	*Nettuno stamattina vi renderà un poco distaccati.*
30	*Passerete la giornata senza alcun pregiudizio, ma questo sarà rischioso.*
31	*Sarete consapevoli che esistono inevitabilmente degli obblighi che vanno rispettati.*

Leone : Febbraio

1	Sarete molto orgogliosi dei vostri successi, Marte vi darà un aiuto.
2	Grazie a Marte sarete pieni di ambizione ed energia in serata, approfittatene.
3	I continui cambiamenti di pensiero non vi faranno trovare l'equilibrio.
4	Per riuscire a preservare il vostro ottimismo oggi dovrete compiere uno sforzo a causa dell'influenza un po' avversa
5	Meglio adottare metodi e punti di vista comuni, specie sul lavoro.
6	Piccoli momenti di introversione caratterizzeranno la mattina per colpa di Venere.
7	La vostra ambizione ed efficienza promette successi in affari grazie al Sole.
8	La fiducia in voi stessi oggi vacillerà un po'.
9	Meglio esprimersi stamattina in maniera misurata e prudente, Giove lo consiglia.
10	La fortuna oggi sarà molto dalla vostra parte grazie a Giove.
11	Non agite stamattina in maniera impulsiva, Venere lo sconsiglia.
12	Avrete tenacia da vendere, specie al mattino presto.
13	Venere vi rende i sentimenti impulsivi ed impazienti, la giornata sarà molto attiva.
14	Non lasciatevi intimorire da un'amica specie nel pomeriggio.
15	Piccoli momenti di introversione caratterizzeranno la giornata per colpa di Mercurio.

16	La Luna renderà i nati nel vostro segno poco impazienti.
17	Urano vi darà grandi aiuti per concludere i vostri affari.
18	Oggi sarete una persona un poco pessimista e poco organizzata.
19	Tenderete ad esprimervi in maniera misurata e prudente, Saturno stasera vi controlla.
20	Il vostro lato generoso ed umano si farà avanti solo in tarda serata grazie a Urano.
21	Stamattina mirate al sodo delle cose, Venere vi incoraggia.
22	Il vostro lato generoso ed umano si farà avanti nel pomeriggio grazie a Nettuno.
23	Non siate riservati, sembrate distaccati.
24	La certezza di stabilità oggi non cercatela, sarà introvabile.
25	Il vostro lato sensibile ed dolce si farà avanti in tarda mattinata grazie a Urano.
26	Il vostro lato sensibile ed dolce si farà avanti in tarda mattinata grazie a Giove.
27	La vostra ambizione ed efficienza promette successi in affari grazie a Nettuno.
28	In mattinata grazie ad Urano sarete dotati di ottima perspicacia.

Leone : Marzo

1. Sarete un po' introversi stasera, la Luna vi sfavorisce.
2. In mattinata sarete molto concentrati, ma non ignorate chi vi circonda.
3. Siete troppo romantici e sognatori, rimettete i piedi in terra.
4. Il vostro gusto del comando si esprimerà non in maniera equilibrata.
5. Tenderete ad esprimervi in maniera misurata e prudente, Marte vi controlla.
6. Possederete una carica magnetica insolita, la Luna vi ispira in serata.
7. Possederete una carica magnetica insolita, Saturno vi ispira in serata.
8. Nettuno vi darà grandi aiuti per concludere i vostri affari.
9. Un carico di enegia, ecco cosa si prospetta per voi in mattinata.
10. Marte renderà i nati nel vostro segno molto loquaci.
11. Le vostre energie possono scoppiare da un momento all'altro.
12. Fate di tutto per essere sicuri di piacere, ma non esagerate.
13. Avrete nuovi temi di osservazione e di meditazione grazie ad influssi di Marte.
14. Sarete un po' introversi, Venere vi sfavorisce.
15. Sarete un po' introversi stasera, Saturno vi sfavorisce.

16	Giornata caratterizzata da una forte volontà, grazie a Marte favorevole.
17	La vostra carica intuitiva sarà utile sul lavoro.
18	Non diminuite la fiducia nelle vostre capacità, una spinta arriva da Marte.
19	La pazienza ed il tatto stamattina non saranno il vostro forte a causa di Marte.
20	Saturno vi rende carichi di emotività, fate attenzione in mattinata.
21	Ti stanchi facilmente? Stamattina il Sole è sfavorevole.
22	Non ricercate certo la monotonia, ma non stancatevi troppo stamattina.
23	Il vostro lato generoso ed umano si farà avanti nel tardo pomeriggio grazie alla Luna.
24	Combattere tra la determinazione e la rinuncia, stasera sarà complicato.
25	Sarete fantasiosi ed immaginativi, è il momento di creare qualcosa.
26	Stasera avrete un elevato senso di responsabilità e di autocontrollo grazie al Sole.
27	La vostra ricerca di novità non si ferma mai, ma oggi non avrete molte sorprese.
28	Rifuggite dalle persone troppo sofisticate, vi causeranno solo noie.
29	L'apertura mentale che si possiete sarà notata.
30	Tenderete ad esprimervi in maniera misurata e prudente, la Luna vi controlla.
31	Possederete una carica magnetica insolita, il Sole vi ispira in serata.

Leone : Aprile

1. Avrete un elevato senso di responsabilità e di autocontrollo grazie a Marte.
2. Sarà molto facile oggi raggiungere la felicità grazie all'influsso della Luna.
3. Il sentimento e la passione saranno influenzati soprattutto dall'attrazione fisica.
4. La Luna non vi permetterà di esprimervi in maniera disinvolta e chiara.
5. Non fatevi scoraggiare, l'ostacolo non sarà reale.
6. Tenderete ad esprimervi in maniera misurata e prudente, Giove stamattina vi controlla.
7. Stamattina mirate al sodo delle cose, Giove vi incoraggia.
8. In ambito professionale darete molta importanza alla precisione.
9. Desiderate vivere in un'atmosfera familiare favorevole, il Sole vi favorisce.
10. Attenti stasera a non rischiare di diventare troppo dominatori in ambito lavorativo.
11. Stasera avrete un innato senso del comando grazie a Marte.
12. Il vostro spirito di intraprendenza nel pomeriggio sarà esaltato grazie a Marte.
13. Le situazioni ambigue non fanno per voi, prudenza in serata.
14. Sarà abbastanza facile oggi pomeriggio raggiungere la felicità grazie all'influsso di Venere.
15. Saturno stamattina vi rende poco elastici, lasciate spazio anche agli altri!

16	Siete combattivi, ma non siate impulsivi.
17	Avrete le capacità per lavorare duramente, con metodo, e grande attenzione, Mercurio vi è favorevole.
18	Lasciate perdere stamattina gli schemi predefiniti, Saturno vi stimolerà.
19	Non esprimete troppo il vostro pensiero, oggi Giove consiglia di meglio stare in silenzio.
20	Giornata caratterizzata dalla creatività, con un insolito inizio.
21	Il vostro lato generoso ed umano si farà avanti in serata grazie a Mercurio.
22	Sarete attratti da una persona forte ed energica, piena di capacità.
23	Il vostro lato sensibile ed dolce si farà avanti in mattinata grazie a Mercurio.
24	La vostra carica emozionale si manifesterà grazie al Sole.
25	Non diminuite la fiducia nelle vostre capacità, una spinta arriva da Plutone.
26	In mattinata la Luna vi renderà un po' critici.
27	Il vostro lato sensibile ed dolce si farà avanti in tarda mattinata grazie a Marte.
28	Tenderete ad esprimervi in maniera misurata e prudente, Venere vi controlla.
29	La vostra ricerca gli affetti e un rapporto di coppia sicuro sarà forse coronato.
30	Non avrete un particolare intuito in serata.

Leone : Maggio

1. Saturno vi renderà in serata ricchi di idee, mettetele a frutto.
2. Sarete consapevoli che esistono inevitabilmente degli obblighi.
3. Vorrete essere particolarmente indipendenti dall'autorità dei genitori.
4. Non agite stasera in maniera impulsiva, Marte lo sconsiglia.
5. Le questioni finanziarie stamattina andranno a gonfie vele grazie a Saturno.
6. Lasciate perdere stamattina gli schemi predefiniti, la Luna vi stimolerà.
7. Troppo aggressività ed impulsività non porterà buoni frutti.
8. Avrete tenacia da vendere, specie al mattino grazie a Nettuno.
9. Marte vi renderà molto concreti, potrete realizzare i vostri piani.
10. Grazie a Marte sarete molto concentrati, ma non ignorate ciò che vi circonda.
11. Grazie al vostro spirito di organizzazione potreste portare innovazioni.
12. La vostra personalità sarà caratterizzata da un'estrema correttezza.
13. Non agite stamattina in maniera impulsiva, Mercurio lo sconsiglia.
14. Impiegate in maniera più efficiente le vostre energie, non disperdetele.
15. Attenti stamattina a non rischiare di diventare troppo dominatori in ambito lavorativo.

16	Il vostro lato sensibile ed dolce si farà avanti in serata grazie al Sole.
17	Un pizzico di ironia e un'allegria di fondo aiutano, pensateci.
18	Sarete un po' introversi stamattina, Mercurio vi sfavorisce.
19	Siate più aperti a nuove vedute, ci saranno sorprese grazie a Giove.
20	Per riuscire a preservare il vostro ottimismo oggi dovrete compiere un grande sforzo a causa dell'influenza un po'
21	La famiglia e i vicini vi influenzeranno in modo particolare al mattino.
22	Saprete affrontare la sera con disinvoltura e innovazione per via di influssi di Nettuno.
23	Il vostro spirito di intraprendenza nel pomeriggio sarà esaltato grazie alla Luna.
24	Cercate di non apparire arroganti, Saturno vi è contrario.
25	Tenderete ad esprimervi in maniera misurata e prudente, Mercurio stasera vi controlla.
26	Lasciate perdere gli schemi predefiniti, Giove vi stimolerà.
27	Il vostro lato generoso ed umano si farà avanti in mattinata grazie a Nettuno.
28	Siete troppo precisi e meticolosi, ma avrete successo.
29	Non lasciatevi intimorire da un amico.
30	Non agite stasera in maniera impulsiva, Plutone lo sconsiglia.
31	Oggi sarete dinamici e passivi a causa di Marte.

Leone : Giugno

1. Saprete affrontare la sera con disinvoltura e innovazione.
2. Avrete un carattere vivace ed attraente grazie alla Luna.
3. Saprete affrontare la mattina con disinvoltura e innovazione per via di influssi lunari.
4. La fortuna oggi sarà dalla vostra parte grazie a Giove.
5. Lasciate perdere stamattina gli schemi predefiniti, Nettuno vi stimolerà.
6. Siate più aperti a nuove vedute, ci saranno sorprese grazie a Marte.
7. La mente stasera sarà tendenzialmente irrazionale, ma non preoccupatevi.
8. Avrete un bisogno di essere riconosciuti in ambito sociale.
9. La vostra ambizione ed efficienza promette successi in affari grazie a Saturno.
10. Sarà molto facile oggi pomeriggio raggiungere la felicità grazie all'influsso del Sole.
11. Attenti a non rischiare di avere una severità eccessiva in ambito lavorativo.
12. In mattinata nei confronti degli altri sarete poco estroversi a causa di Urano.
13. Le vostre capacità artistiche sono scarse, oggi non applicatevi in materia.
14. State pensando troppo agli altri, pensate anche alla vostra persona.
15. L'influenza di Marte vi apporterà grande vitalità.

16	Il vostro carattere sensibile rischierà di essere ferito da un collega.
17	Sarete caratterizzati da un'intelligenza critica.
18	La vostra intelligenza marcata vi renderà molto efficienti grazie a Plutone.
19	Giove renderà i nati nel vostro segno molto audaci.
20	Il vostro senso di ribellione si vorrà manifestare, ma prudenza.
21	Sarete controllati dlla razionalità, in particolar modo al pomeriggio.
22	Avrete bisogno di libertà, Venere vi darà conforto.
23	Stasera avrete un innato senso del comando grazie a Saturno.
24	Siete sensibili, oggi la Luna vi renderà vulnerabili negli affari di cuore.
25	Avrete stamattina una mentalità razionale e pratica, molto utile.
26	Avrete un innato senso del comando grazie a Mercurio.
27	Siete sensibili, stasera la Luna vi renderà vulnerabili negli affari di cuore.
28	Mercurio renderà i nati nel vostro segno poco impulsivi.
29	Sarà abbastanza facile stasera raggiungere la felicità grazie all'influsso di Marte.
30	Per riuscire a preservare il vostro ottimismo oggi dovrete compiere un grande sforzo a causa dell'influenza un po'

Leone : Luglio

1. Le situazioni ambigue non fanno per voi, prudenza.
2. Le vostre capacità artistiche sono ottime, oggi applicatevi in materia.
3. Attenti a non ricercare troppo il bisogno di conferme, Giove vi è nocivo.
4. Perseguite i vostri obiettivi senza distrarvi.
5. La vostra sensibilità elevata potrebbe mettervi a rischio stamattina
6. Impiegate in maniera molto più efficiente le vostre energie, non disperdetele.
7. Sarete molto influenzati nel pomeriggio nella sfera emotiva da un amico.
8. Grazie a Saturno sarete ambiziosi e al tempo stesso sensibili, attenzione.
9. Avrete il dominio sulle situazioni, coglietele al volo, Urano è con voi.
10. Qualcuno stamane stimolerà parecchio il tuo interesse.
11. Il vostro lato sensibile ed dolce si farà avanti solo in tarda serata grazie a Plutone.
12. La vostra intelligenza marcata vi renderà molto efficienti grazie a Giove.
13. Sarete spinti da una grande carica di ottimismo specie al mattino, Saturno è ok.
14. Il vostro spirito di intraprendenza stamattina sarà esaltato grazie a Marte.
15. Il vostro lato sensibile ed dolce si farà avanti in serata grazie a Mercurio.

16	*Stasera avrete un innato senso del comando grazie a Urano.*
17	*Piccoli momenti di introversione caratterizzeranno la giornata per colpa di Giove.*
18	*Siete troppo mutevoli di pensiero, fissate un punto fermo.*
19	*Nel pomeriggio grazie al Sole sarete dotati di ottima perspicacia.*
20	*Il Sole renderà i nati nel vostro segno molto impazienti.*
21	*Se non coltivate interessi sportivi è il caso di provvedere.*
22	*Venere vi rende carichi di emotività, fate attenzione.*
23	*Il senso di egocentrismo oggi non mettetelo in mostra.*
24	*Attenti a non ricercare troppo il bisogno di conferme, Mercurio vi è nocivo.*
25	*Avrete le capacità per lavorare duramente, con metodo, e grande attenzione, Saturno vi è favorevole.*
26	*Sarete molto sicuri di voi, rendetevene conto.*
27	*Oggi sarete molto impazienti, è il caso di rilassarsi!*
28	*In serata sarete ricchi di idee, mettetele a frutto.*
29	*Stamattina avrete nuovi temi di osservazione e di meditazione grazie ad influssi di Mercurio.*
30	*Il vostro lato sensibile ed dolce si farà avanti in tarda mattinata.*
31	*Nettuno questo pomeriggio vi rende poco flessibili, lasciate spazio anche agli altri!*

Leone : Agosto

1. In serata non avrete sicuramente il tempo di annoiarvi, Giove vi coinvolgerà.
2. In serata sarete molto concentrati, ma non ignorate chi vi circonda.
3. Sarà molto facile oggi pomeriggio raggiungere la felicità grazie all'influsso della Luna.
4. Possederete una carica magnetica insolita, il Sole vi ispira.
5. Nel pomeriggio la vostra perspicacia oggi avrà ottimi effetti.
6. Bisogna cercare di essere un po' più tolleranti, specie verso un superiore.
7. Attenti a non rischiare di avere una severità eccessiva in ambito sociale.
8. Sarà molto facile oggi raggiungere la felicità grazie all'influsso di Venere.
9. Vivrete in maniera interiore molto emotiva, Mercurio vi occhieggia.
10. Tenderete ad esprimervi in maniera misurata e prudente, Giove vi controlla.
11. Avrete tenacia da vendere, specie in serata.
12. Grazie a Saturno agirete di slancio per avere più autorità.
13. Marte stamattina vi rende poco flessibili, lasciate spazio anche agli altri!
14. Stamattina avrete nuovi temi di osservazione e di meditazione grazie ad influssi del Sole.
15. Giove questo pomeriggio vi rende poco flessibili, lasciate spazio anche agli altri!

16	Sarete molto orgogliosi dei vostri successi, il Sole vi darà un aiuto.
17	Sarà il caso che impariate a conoscere i vostri desideri e necessità.
18	Non siate troppo organizzati e metodici se volete farvi apprezzare.
19	Amate la casa e la vita comoda, ma oggi potreste anche cambiare idea.
20	La Luna stamattina vi rende poco elastici, lasciate spazio anche agli altri!
21	Oggi sarete diversi dalla norma.
22	Sarete molto vivaci e ciò vi farà assimilare molto facilmente delle nozioni.
23	Il vostro lato generoso ed umano si farà avanti solo in tarda serata grazie alla Luna.
24	Per riuscire a preservare il vostro ottimismo oggi dovrete compiere un grande sforzo a causa dell'influenza un po'
25	Avete delle sfide da vincere, ma avete Saturno dalla vostra parte.
26	Una profonda carica di ottimismo vi investirà nel pomeriggio, complice Saturno.
27	Dovrete prestare attenzione ad evitare approcci troppo generali e superficiali nei confronti delle persone.
28	In mattinata Nettuno vi renderà un po' critici.
29	Attenti a non ricercare troppo il bisogno di conferme, la Luna vi è nociva.
30	Nel pomeriggio grazie alla Luna sarete dotati di ottima perspicacia.
31	Stamattina avrete un'intelligenza sensibile, immaginativa.

Leone : Settembre

1. Non agite in maniera impulsiva, Mercurio lo sconsiglia.
2. Bisogna cercare di essere un po' più tolleranti, specie verso un amico.
3. Il vostro lato sensibile ed dolce si farà avanti solo in tarda serata grazie a Mercurio.
4. Stamattina sarà difficile elaborare due pensieri diversi allo stesso tempo.
5. Riscoprirete grazie ad un amico i piaceri semplici della vita.
6. La famiglia e i vicini vi influenzeranno in modo particolare alla sera.
7. Un comportamento grossolano stamattina potrebbe ferire chi vi sta accanto.
8. Marte vi renderà troppo orgogliosi, datevi una calmata.
9. Mirate al sodo delle cose, la Luna vi incoraggia.
10. Grazie a Marte in mattinata sarete pieni di ambizione ed energia, approfittatene.
11. Siate più aperti a nuove vedute, ci saranno sorprese in serata grazie a Urano.
12. In mattinata nei confronti degli altri sarete molto estroversi grazie a Venere.
13. Sarete un po' introversi stamattina, Marte vi sfavorisce.
14. Ti stanchi facilmente? Stamattina la Luna è sfavorevole.
15. Non fatevi scoraggiare da un parente, l'ostacolo non sarà reale.

16	*Lo spirito di iniziativa e d'avventura non saranno oggi le caratteristiche del vostro carattere.*
17	*Non avrete scuse per non arrivare alla meta prefissa, impegnatevi.*
18	*Con la vostra ambizione riuscirete a trarre profitto dai lavori impegnativi.*
19	*La vostra carica emozionale si manifesterà grazie a Giove.*
20	*La vostra ricerca di novità non si ferma mai, oggi avrete molte sorprese.*
21	*La fiducia nelle vostre capacità stasera vacillerà un po'.*
22	*Saturno vi renderà troppo combattivi, non provocate discussioni.*
23	*Non agite stasera in maniera impulsiva, la Luna lo sconsiglia.*
24	*Nettuno stamattina vi rende poco elastici, lasciate spazio anche agli altri!*
25	*In ambito professionale darete molta importanza alla puntualità.*
26	*Marte vi renderà impazienti, rilassatevi.*
27	*Lasciate perdere stasera gli schemi predefiniti, Marte vi stimolerà.*
28	*La vostra intelligenza marcata vi renderà molto efficienti grazie a Saturno.*
29	*In serata non avrete sicuramente il tempo di annoiarvi, il Sole vi coinvolgerà.*
30	*Siete troppo tradizionalisti, dovete un po' aggiornarvi.*

Leone : Ottobre

1. La vostra ambizione ed efficienza promette successi in affari grazie a Urano.
2. Abbiate la giusta flessibilità nel pensiero, farete un figurone.
3. Non agite in maniera impulsiva, Marte lo sconsiglia.
4. Saturno vi rende carichi di emotività, fate attenzione nel pomeriggio.
5. Sarete gentili e generosi, Marte è dalla vostra parte.
6. Oggi non amerete la buona tavola, i cibi raffinati e gli ambienti confortevoli.
7. Avrete tenacia da vendere, specie al mattino presto grazie al Sole.
8. Nel pomeriggio non avrete un buon fiuto per gli acquisti.
9. Marte vi farà agire senza tatto e giudiziosità, combinerete un bel guaio.
10. Lasciate perdere gli schemi predefiniti, Venere vi stimolerà.
11. Giove renderà i nati nel vostro segno poco impazienti.
12. Non fatevi influenzare troppo da aspetti sentimentali.
13. Avrete tenacia da vendere, specie al mattino presto grazie a Mercurio.
14. Marte vi rende i sentimenti impulsivi ed impazienti, la giornata sarà molto attiva.
15. Saprete infondere negli altri fiducia ed ottimismo.

16	Sarà molto facile stasera raggiungere la felicità grazie all'influsso di Marte.
17	Sarete un po' introversi stasera, Marte vi sfavorisce.
18	Avrete scarse capacità per emergere ed imporvi sugli altri.
19	La fiducia in voi stessi stamane raggiungerà l'apice.
20	Sarà molto facile oggi pomeriggio raggiungere la felicità grazie all'influsso del Sole.
21	Marte vi rende carichi di emotività, fate attenzione nel pomeriggio.
22	Non agite stamattina in maniera impulsiva, Marte lo sconsiglia.
23	In serata Mercurio vi renderà un po' critici.
24	Gli interessi spirituali saranno esaltati dalla Luna, ma saranno passeggeri.
25	Avrete bisogno di libertà, Nettuno vi darà conforto.
26	Una profonda carica di ottimismo vi investirà nel pomeriggio, complice Giove.
27	Gli ostacoli per voi oggi non rappresenteranno un problema.
28	Sarete timidi ed indecisi, ma è passeggero.
29	Sarete attratti in mattinata verso compiti impegnativi e difficili.
30	Giove renderà i nati nel vostro segno molto intraprendenti.
31	Avrete un'intelligenza sensibile, immaginativa.

Leone : Novembre

1. Qualcuno stimolerà parecchio la tua curiosità.
2. Stamattina avrete nuovi temi di osservazione e di meditazione grazie ad influssi di Urano.
3. Non avete voglia di stare con gli altri, la Luna lo evidenzia.
4. La vostra determinazione vi porterà ad un insperato successo con l'influsso di Saturno.
5. Non avete voglia di stare con gli altri, Giove lo evidenzia.
6. Sarà molto facile oggi pomeriggio raggiungere la felicità grazie all'influsso di Venere.
7. Giove questo pomeriggio vi rende poco elastici, lasciate spazio anche agli altri!
8. Venere vi rende carichi di emotività, fate attenzione in mattinata.
9. La Luna vi renderà in serata ricchi di idee, mettetele a frutto.
10. Sarete gentili e generosi, la Luna è dalla vostra parte.
11. Sarà facile oggi raggiungere la felicità grazie all'influsso di Venere.
12. Marte questo pomeriggio vi rende poco elastici, lasciate spazio anche agli altri!
13. La vostra determinazione non porterà di nuovo ai risultati sperati.
14. Il vostro forte senso di giustizia e di rispetto per gli altri sarà lodato.
15. Stasera avrete un elevato senso di responsabilità e di autocontrollo grazie a Giove.

16	La vostra gelosia può essere pericolosa, attenti.
17	Per riuscire a preservare il vostro ottimismo oggi dovrete compiere uno sforzo a causa dell'influenza un po' avversa di
18	Per riuscire a preservare il vostro ottimismo oggi dovrete compiere un sacrificio a causa dell'influenza un po' avversa di
19	Cercate di migliorare la vostra posizione, ne vale la pena.
20	Sarete particolarmente creativi, con un sacco di idee, la Luna vi stimola.
21	Non amate perdere tempo in chiacchiere inutili, andate avanti per la vostra strada.
22	Avrete nuovi temi di osservazione e di meditazione grazie ad influssi del Sole.
23	Qualcuno stasera stimolerà parecchio la tua curiosità.
24	Avrete stamattina le capacità per lavorare duramente, con metodo, e grande attenzione.
25	Avrete tenacia da vendere, specie al mattino grazie a Plutone.
26	I sentimenti inconsci vi ispireranno piacevoli ricordi grazie all'influsso di Venere.
27	Grazie a Nettuno in mattinata sarete pieni di ambizione ed energia, approfittatene.
28	Grazie al Sole sarete pieni di ambizione ed energia in serata, approfittatene.
29	Non esprimete troppo il vostro pensiero, oggi la Luna consiglia di stare in silenzio.
30	Siate più aperti a nuove vedute, ci saranno sorprese.

Leone : Dicembre

1. Marte renderà i nati nel vostro segno molto impazienti.
2. Le esperienze vissute influenzeranno molto la vita presente.
3. Stamattina sarete una persona poco ottimista ed organizzata.
4. Stamattina sarete timidi ed indecisi, ma è passeggero.
5. Stamattina avrete un innato senso del comando grazie a Giove.
6. Vi sentite instancabili, Mercurio vi aiuta.
7. Desiderate vivere in un'atmosfera familiare favorevole, Venere vi favorisce.
8. La vostra intelligenza marcata vi renderà molto efficienti.
9. Il vostro lato generoso ed umano si farà avanti grazie a Marte.
10. Sarà abbastanza facile stasera raggiungere la felicità grazie all'influsso di Venere.
11. Sarà molto facile stasera raggiungere la felicità grazie all'influsso della Luna.
12. In mattinata nei confronti degli altri sarete poco estroversi a causa di Plutone.
13. Avrete innate qualità di leader, sfruttatele bene.
14. L'umorismo e la vivacità di fondo della personalità vi faranno stare meglio.
15. Non siate troppo rigidi e seriosi se volete farvi apprezzare in famiglia.

16	Avrete in serata alcuni conflitti tra sensibilità e ragione a causa di Plutone.
17	Stamattina sarete una persona ottimista e ben organizzata.
18	In serata nei confronti degli altri sarete poco estroversi a causa di Saturno.
19	Sarete un po' introversi, Plutone vi sfavorisce.
20	Avrete un bisogno di essere riconosciuti in ambito lavorativo.
21	Giove stamattina vi rende poco flessibili, lasciate spazio anche agli altri!
22	Avrete un innato senso del comando.
23	Saturno vi rende carichi di emotività, fate attenzione.
24	Avrete tenacia da vendere, specie al mattino presto grazie a Nettuno.
25	In serata grazie a Nettuno sarete dotati di ottima perspicacia.
26	Grazie a Giove sarete pieni di ambizione ed energia in serata, approfittatene.
27	Non siate troppo indipendenti, Giove lo sconsiglia.
28	Marte renderà i nati nel vostro segno poco impazienti.
29	Non esprimete troppo il vostro pensiero, oggi Saturno consiglia di meglio stare in silenzio.
30	Piccoli momenti di introversione caratterizzeranno la giornata.
31	Il vostro lato generoso ed umano si farà avanti nel pomeriggio grazie a Marte.

Vergine : Gennaio

1. Oggi sarete dinamici e passivi, a tempi alterni a causa di Venere.
2. I continui cambiamenti di umore non vi faranno trovare l'equilibrio.
3. Il vostro lato generoso ed umano si farà avanti grazie alla Luna.
4. Il vostro lato sensibile ed dolce si farà avanti nel tardo pomeriggio grazie a Urano.
5. Desiderate vivere in un'atmosfera familiare favorevole, Urano vi favorisce.
6. Avrete notevoli energie grazie all'influsso di Saturno.
7. Sarete freddi e di calcolatori, non è da voi, stamattina Urano vi è contrario.
8. L'interesse per l'arte e la bellezza in generale potrebbe trovare oggi soluzione.
9. L'influenza di Saturno vi apporterà grande vitalità.
10. La vostra loquacità oggi non avrà paragoni.
11. Sarete al centro dell'attenzione, ma lo vorrete?
12. La vostra determinazione vi porterà ad un insperato successo.
13. La vostra intelligenza marcata vi renderà molto efficienti grazie ad Urano.
14. Una profonda carica di ottimismo vi investirà nel pomeriggio, complice Venere.
15. In mattinata non avrete sicuramente il tempo di annoiarvi, il Sole vi coinvolgerà.

16	Nettuno vi renderà impazienti, rilassatevi.
17	Potrebbe finalmente arrivare un successo nella vita professionale grazie ad Urano.
18	Non avete voglia di stare con gli altri, il Sole lo evidenzia.
19	Nei confronti degli altri sarete poco estroversi a causa di Urano.
20	Avrete in mattinata alcuni conflitti tra sensibilità e ragione a causa di Marte.
21	In serata nei confronti degli altri sarete poco estroversi a causa di Urano.
22	Attenti a non ricercare troppo il bisogno di conferme, Venere vi è nociva.
23	Meglio esprimersi in maniera misurata e prudente, Giove lo consiglia.
24	Il vostro lato generoso ed umano si farà avanti nel tardo pomeriggio grazie a Mercurio.
25	Oggi tenderete troppo alle discussioni, non fatevi nemici.
26	Mercurio renderà i nati nel vostro segno molto audaci.
27	Possederete una carica magnetica insolita, Venere vi ispira in mattinata.
28	Avrete in serata alcuni conflitti tra sensibilità e ragione a causa di Marte.
29	Combattere tra la determinazione e la rinuncia, stamattina sarà complicato.
30	Per riuscire a preservare il vostro ottimismo oggi dovrete compiere un grande sforzo.
31	Avete a volte dei modi di fare un po' austeri, che possono tendere a far allontanare le persone.

Vergine : Febbraio

1. Oggi tenderete troppo alle dispute, non fatevi nemici.
2. Siate più aperti a nuove vedute, ci saranno sorprese in mattinata grazie a Saturno.
3. Saprete affrontare la vita con disinvoltura e innovazione per via di influssi di Giove.
4. Ti stanchi facilmente? Oggi Plutone è sfavorevole.
5. Non agite stasera in maniera impulsiva, Giove lo sconsiglia.
6. Urano stasera vi renderà un poco distaccati.
7. Il vostro lato sensibile ed dolce si farà avanti nel tardo pomeriggio grazie a Venere.
8. Non lasciatevi sopraffare da uno stato latente di inquietudine.
9. Stamattina sarà facile elaborare due pensieri diversi allo stesso tempo.
10. La vostra ambizione ed efficienza promette successi in amore.
11. Marte renderà i nati nel vostro segno molto intraprendenti.
12. Il vostro lato generoso ed umano si farà avanti in mattinata grazie a Venere.
13. Il vostro lato generoso ed umano si farà avanti solo in tarda serata grazie a Venere.
14. Sarete molto coscienziosi in tutto ciò che decidete intraprendere.
15. Piccoli momenti di introversione caratterizzeranno la sera per colpa di Marte.

16	*Sarete pieni di progetti, ma è meglio affrontare problemi pratici.*
17	*Il vostro lato generoso ed umano si farà avanti solo in tarda serata.*
18	*Le questioni finanziarie oggi non andranno a gonfie vele grazie a Saturno.*
19	*Il vostro lato sensibile ed dolce si farà avanti nel tardo pomeriggio grazie a Plutone.*
20	*Non agite stasera in maniera impulsiva, Mercurio lo sconsiglia.*
21	*Avrete tenacia da vendere, specie al mattino presto grazie a Saturno.*
22	*Urano oggi vi renderà un poco distaccati.*
23	*Tenderete ad esprimervi in maniera misurata e prudente, Venere stamattina vi controlla.*
24	*Il vostro lato generoso ed umano si farà avanti in serata grazie a Urano.*
25	*Potrebbe finalmente arrivare un successo nella vita professionale grazie a Venere.*
26	*Stamattina avrete un elevato senso di responsabilità e di autocontrollo grazie a Saturno.*
27	*In serata avrete inventiva ed originalità da vendere, complimenti.*
28	*Il vostro lato sensibile ed dolce si farà avanti in serata grazie alla Luna.*

Vergine : Marzo

1. Il Sole vi renderà molto concreti, potrete realizzare i vostri piani.
2. Mercurio renderà i nati nel vostro segno molto impulsivi.
3. Vivrete in maniera interiore molto emotiva, Marte vi occhieggia.
4. Avrete in mattinata alcuni conflitti tra sensibilità e ragione a causa di Giove.
5. Sarete pieni di iniziative, specie al mattino.
6. Oggi siete molto taciturni, la Luna vi indispone.
7. Sarà molto facile stasera raggiungere la felicità grazie all'influsso del Sole.
8. La vostra determinazione vi porterà ad un insperato successo con l'influsso della Luna.
9. Grazie a Nettuno sarete ambiziosi e al tempo stesso sensibili, attenzione.
10. Stamattina avrete un innato senso del comando grazie a Saturno.
11. Saprete affrontare la vita con disinvoltura e innovazione.
12. Attenti, la forte carica affermativa si tramuta in atteggiamenti egoistici.
13. Avrete un'energia fluttuante, non equilibrata, riposatevi.
14. Non agite in maniera impulsiva, Saturno lo sconsiglia.
15. Tenderete ad esprimervi in maniera misurata e prudente, la Luna stasera vi controlla.

16	Marte renderà i nati nel vostro segno molto impulsivi.
17	Per riuscire a preservare il vostro ottimismo oggi dovrete compiere un grande sforzo a causa dell'influenza un po'
18	Non sarete ammirati ed elogiati per il vostro lavoro.
19	In serata nei confronti degli altri sarete molto estroversi.
20	Stamattina possederete un forte senso della giustizia grazie al Sole.
21	Il vostro lato sensibile ed dolce si farà avanti grazie a Urano.
22	Tenderete ad esprimervi in maniera misurata e prudente, Marte stasera vi controlla.
23	Le emozioni forti e situazioni impegnative saranno il vostro pane quotidiano.
24	Avrete il dominio sulle situazioni, coglietele al volo, la Luna è con voi.
25	Avrete nel pomeriggio le capacità per lavorare duramente, con metodo, e grande attenzione, Urano vi è favorevole.
26	State vivendo drammi in maniera molto profonda, recupererete.
27	Qualcosa o qualcuno potrà farvi scoraggiare.
28	Possederete una carica magnetica insolita, la Luna vi ispira.
29	Attenti stamattina a non rischiare di avere una severità eccessiva in ambito lavorativo.
30	Saprete affrontare la vita con disinvoltura e innovazione per via di influssi lunari.
31	Avrete in mattinata alcuni conflitti tra sensibilità e ragione a causa della Luna.

Vergine : Aprile

1. Avrete tenacia da vendere, specie al mattino presto grazie ad Urano.
2. Il vostro lato sensibile ed dolce si farà avanti grazie a Venere.
3. Siate tolleranti e non critici e pignoli, specie in serata.
4. La vostra ambizione ed efficienza promette successi in affari grazie alla Luna.
5. Avrete le capacità per lavorare duramente, con metodo, e grande attenzione, Nettuno vi è favorevole.
6. Avrete un elevato senso di responsabilità e di autocontrollo grazie a Mercurio.
7. Questo pomeriggio sarà difficile elaborare due pensieri diversi allo stesso tempo.
8. Mercurio renderà i nati nel vostro segno poco impazienti.
9. Meglio esprimersi stamattina in maniera misurata e prudente, Marte lo consiglia.
10. Il vostro lato sensibile ed dolce si farà avanti grazie a Nettuno.
11. Il vostro lato generoso ed umano si farà avanti in mattinata.
12. Meglio non avere comportamenti materni, Urano è mal messo.
13. Gli ostacoli che incontrerete lungo il vostro sentiero non rappresentano per voi un problema, ma una sfida da vincere.
14. Troverete grandi aiuti per concludere i vostri affari.
15. Avrete notevoli energie grazie all'influsso della Luna.

16	Avrete tenacia da vendere, specie al mattino grazie al Sole.
17	Sarà molto facile oggi raggiungere la felicità grazie all'influsso del Sole.
18	Stamattina avrete un elevato senso di responsabilità e di autocontrollo grazie alla Luna.
19	La vostra ambizione ed efficienza promette successi sul lavoro grazie a Saturno.
20	Ti stanchi facilmente? Oggi la Luna è sfavorevole.
21	Sarete un po' introversi stamattina, Venere vi sfavorisce.
22	Avrete un innato senso del comando grazie a Urano.
23	Piccoli momenti di introversione caratterizzeranno la sera per colpa di Saturno.
24	Siete romantici e saprete comportarvi nel modo opportuno in ogni situazione.
25	Stamattina avrete un elevato senso di responsabilità e di autocontrollo grazie a Urano.
26	La ricerca dell'intesa perfetta potrebbe aver fine.
27	L'influenza di Venere vi apporterà grande vitalità.
28	Siate tolleranti e non critici e pignoli, specie in mattinata.
29	Il vostro lato sensibile ed dolce si farà avanti in mattinata grazie alla Luna.
30	Giove vi renderà in mattinata ricchi di idee, mettetele a frutto.

Vergine : Maggio

1. Una profonda carica di ottimismo vi investirà, complice Giove.
2. Oggi sarete eloquenti ed aggressivi, ma non ferite nessuno!
3. Meglio esprimersi in maniera misurata e prudente, Venere lo consiglia.
4. Nel pomeriggio grazie ad Urano sarete dotati di ottima perspicacia.
5. Saprete affrontare la vita con disinvoltura e innovazione per via di influssi di Marte.
6. Siate più aperti a nuove vedute, ci saranno sorprese in mattinata grazie a Marte.
7. Qualcosa stasera stimolerà parecchio il tuo interesse.
8. Meglio adottare metodi e punti di vista comuni, specie in amore.
9. Il vostro lato generoso ed umano si farà avanti in tarda mattinata grazie ad Urano.
10. Oggi sarete di pochissime parole, riflettete.
11. Avrete stamattina le capacità per lavorare duramente, con metodo, e grande attenzione, Urano vi è favorevole.
12. Lasciate perdere gli schemi predefiniti, Saturno vi stimolerà.
13. Vivrete in maniera interiore molto emotiva, Giove vi occhieggia.
14. La Luna vi rende carichi di emotività, fate attenzione in mattinata.
15. Stamattina avrete nuovi temi di osservazione e di meditazione.

16	L'attenzione di un uomo gentile sarà per voi essenziale in mattinata.
17	Cosa vi rende così poco eloquenti in mattinata? Probabilente la Luna.
18	Il vostro lato generoso ed umano si farà avanti solo in tarda serata grazie a Marte.
19	Lasciate perdere stamattina gli schemi predefiniti, Venere vi stimolerà.
20	La vostra carica emozionale si manifesterà grazie alla Luna.
21	Una profonda carica di ottimismo vi investirà stamattina, complice Saturno.
22	Siate più aperti a nuove vedute, ci saranno sorprese grazie a Mercurio.
23	La vostra voglia di libertà sarà messa a dura prova a causa di Giove.
24	Qualcuno stimolerà parecchio il tuo interesse.
25	Sarà abbastanza facile oggi pomeriggio raggiungere la felicità grazie all'influsso di Saturno.
26	Vi sentite instancabili, Giove vi aiuta.
27	Grazie a Giove in mattinata sarete pieni di ambizione ed energia, approfittatene.
28	Marte vi renderà troppo combattivi, non provocate discussioni.
29	Grazie a Saturno in mattinata sarete pieni di ambizione ed energia, approfittatene.
30	Prima di prendere una decisione valutate bene l'ambiente circostante.
31	Combattere tra la determinazione e la rinuncia, oggi sarà complicato.

Vergine : Giugno

1. Stamattina sarete poco flessibili, lasciate spazio anche agli altri!
2. Avrete un innato senso del comando grazie a Saturno.
3. Amato scrutare aspetti e situazioni in profondità, ma non esagerate.
4. Saturno stasera vi renderà un poco distaccati.
5. Avrete un bisogno di essere rispettati in ambito sociale.
6. Una profonda carica di ottimismo vi investirà in serata, complice Saturno.
7. Ti stanchi facilmente? Stamattina Urano è sfavorevole.
8. Il vostro lato generoso ed umano si farà avanti solo in tarda serata grazie a Giove.
9. Grazie ad Urano in mattinata sarete pieni di ambizione ed energia, approfittatene.
10. Il vostro lato sensibile ed dolce si farà avanti in tarda mattinata grazie a Mercurio.
11. Sarete ammirati ed elogiati per il vostro lavoro.
12. Sarà abbastanza facile oggi raggiungere la felicità grazie all'influsso di Marte.
13. Avrete un innato senso del comando grazie a Nettuno.
14. Le questioni finanziarie oggi andranno a gonfie vele grazie al Sole.
15. Oggi tenderete troppo alle dispute di carattere intellettuale, non fatevi nemici.

16	Grazie al Sole sarete ambiziosi e al tempo stesso sensibili, attenzione.
17	Mattina ottima per le relazioni interpersonali, buona fortuna.
18	Con il desiderio e la tenacia oggi tutto sembrerà più facile.
19	Sarà abbastanza facile oggi pomeriggio raggiungere la felicità grazie all'influsso di Giove.
20	Vi sentite instancabili, Saturno vi aiuta.
21	La vostra sensibilità elevata potrebbe mettervi a rischio stasera a causa di un collega.
22	Saturno renderà i nati nel vostro segno poco impazienti.
23	Attenti a non rischiare di avere una severità eccessiva in ambito famigliare.
24	La Luna questo pomeriggio vi rende poco flessibili, lasciate spazio anche agli altri!
25	Siete sensibili, stasera il Sole vi renderà vulnerabili negli affari di cuore.
26	Avrete in mattinata alcuni conflitti tra sensibilità e ragione a causa di Nettuno.
27	Avrete in serata alcuni conflitti tra sensibilità e ragione a causa di Saturno.
28	Una persona cara vi farà capire l'importanza della vita affettiva.
29	Sarete un po' introversi nel pomeriggio, il Sole vi sfavorisce.
30	Attenti a non rischiare di diventare troppo dominatori in ambito sociale.

Vergine : Luglio

1. Avrete tenacia da vendere, specie al mattino grazie a Mercurio.
2. Il vostro lato sensibile ed dolce si farà avanti in mattinata.
3. Le questioni finanziarie stamattina non andranno a gonfie vele grazie al Sole.
4. Non abbiate oggi troppo quell'aria di superiorità, vi danneggia.
5. I vostri ideali estetici stanno mirando troppo in alto, attenzione.
6. Avrete notevoli energie grazie all'influsso di Giove.
7. La fiducia nelle vostre capacità stamane raggiungerà l'apice.
8. Giove renderà i nati nel vostro segno poco intraprendenti.
9. La pazienza ed il tatto stasera non saranno il vostro forte.
10. Marte vi rende carichi di emotività, fate attenzione in serata.
11. Avrete tenacia da vendere, specie nel pomeriggio grazie a Plutone.
12. Sarete molto attenti alle emozionie ciò potrebbe rendervi indifesi.
13. L'apertura mentale che si possiete sarà notata da un amico.
14. Avete delle sfide da vincere, ma avete Urano dalla vostra parte.
15. Il vostro lato generoso ed umano si farà avanti nel tardo pomeriggio grazie a Marte.

16	L'influenza di Nettuno vi apporterà grande vitalità.
17	Sarete particolarmente creativi, con un sacco di idee, Giove vi stimola.
18	Avrete in serata alcuni conflitti tra sensibilità e ragione a causa di Giove.
19	Oggi finalmente saprete mostrare il meglio di voi stessi.
20	Il vostro lato generoso ed umano si farà avanti in serata grazie a Plutone.
21	Saturno vi renderà molto concreti, potrete realizzare i vostri piani.
22	Stamattina possederete un forte senso della giustizia.
23	Piccoli momenti di introversione caratterizzeranno la giornata per colpa di Saturno.
24	Non abbiate stamattina troppo quell'aria di superiorità, vi danneggia.
25	Trovare qualcuno che sappia capire le tue esigenze? Forse è il giorno giusto.
26	Piccoli momenti di introversione caratterizzeranno la sera per colpa del Sole.
27	Marte renderà i nati nel vostro segno poco loquaci.
28	Non agite stamattina in maniera impulsiva, Saturno lo sconsiglia.
29	Avrete alcuni conflitti tra sensibilità e ragione a causa della Luna.
30	Non diminuite la fiducia in voi stessi, una spinta arriva da Giove.
31	Il vostro lato generoso ed umano si farà avanti solo in tarda serata grazie a Plutone.

Vergine : Agosto

1. Procedete con ordine e metodo, Saturno vi disorienterà.
2. Avrete un bisogno di essere rispettati.
3. Avrete tenacia da vendere, specie nel pomeriggio grazie a Giove.
4. Un comportamento grossolano oggi stasera potrebbe ferire chi vi sta accanto.
5. Non avrete per niente voglia di uniformarvi alle tradizioni.
6. Avrete un'incredibile attrazione per la casa e la famiglia.
7. Lo spirito di iniziativa e d'avventura saranno le caratteristiche del vostro carattere.
8. Una profonda carica di ottimismo vi investirà, complice Saturno.
9. Non agite stamattina in maniera impulsiva, il Sole lo sconsiglia.
10. Sarete attratti da una donna molto indipendente, ma rappresenta un pericolo.
11. Grazie al Sole agirete di slancio per avere più autorità.
12. Tenderete ad esprimervi in maniera misurata e prudente, Mercurio stamattina vi controlla.
13. In mattinata non avrete sicuramente il tempo di annoiarvi, Giove vi coinvolgerà.
14. Nel pomeriggio avrete un buon fiuto per gli acquisti.
15. Oggi saranno poco favoriti gli studi e l'apprendimento in generale.

16	Avrete le capacità per lavorare duramente, con metodo, e grande attenzione.
17	Avete delle sfide da vincere, ma avete Nettuno dalla vostra parte.
18	In serata non avrete sicuramente il tempo di annoiarvi, la Luna vi coinvolgerà.
19	Oggi sarete molto concreti, potrete realizzare i vostri piani.
20	L'umorismo e la vivacità di fondo della personalità vi aiuteranno.
21	Avrete un carattere pratico, ma non strafate.
22	Sarete pieni di ambizione ed energia, approfittatene.
23	Venere vi darà grandi aiuti per concludere i vostri affari.
24	Sarete spinti da una grande carica di ottimismo specie alla sera, Giove è ok.
25	Vi trovate ad essere incostanti, ve lo diranno in tanti.
26	Mercurio vi darà grandi aiuti per concludere i vostri affari.
27	Non diminuite la fiducia nelle vostre capacità, una spinta arriva da Giove.
28	In giornata Marte vi darà inventiva ed originalità da vendere, complimenti.
29	Avrete tenacia da vendere, specie in serata grazie a Plutone.
30	Non diminuite la fiducia in voi stessi, una spinta arriva da Plutone.
31	Possederete una carica magnetica insolita, Giove vi ispira in serata.

Vergine : Settembre

1. Sarete ammirati ed elogiati per il vostro aiuto.
2. Grazie a Marte agirete di slancio per avere più autorità.
3. Avrete un gran desiderio di dare, ma anche di ricevere premure nei propri confronti.
4. Non lasciatevi intimorire da un'amica.
5. Sarete carichi di emotività, fate attenzione.
6. Il vostro lato sensibile ed dolce si farà avanti in serata grazie a Giove.
7. Nel pomeriggio sarete caratterizzati da un'intelligenza critica.
8. In serata Saturno vi darà inventiva ed originalità da vendere, complimenti.
9. La vostra continua ricerca di verità e l'onestà potrebbe non portare ai fini sperati.
10. Saturno renderà i nati nel vostro segno molto audaci.
11. Un'avventura romantica o passionale è alle porte, ma prudenza.
12. Sarete un po' introversi stasera, Urano vi sfavorisce.
13. Non siate troppo indipendenti, Urano lo sconsiglia.
14. Non lasciatevi intimorire da un collega.
15. In serata grazie ad Urano sarete dotati di ottima perspicacia.

16	Un'avventura romantica o passionale è alle porte, lasciatevi andare.
17	La vostra ambizione ed efficienza promette successi in amore grazie a Saturno.
18	Sarete attratti dai viaggi, è ora di fare valigia!
19	Sarete incoraggiati e stimolati nei momenti di difficoltà.
20	Oggi saranno molto favoriti gli studi e l'apprendimento in generale.
21	Stasera avrete un elevato senso di responsabilità e di autocontrollo grazie a Nettuno.
22	Qualcosa stasera stimolerà parecchio la tua curiosità.
23	Giove stamattina vi renderà un poco distaccati.
24	Saturno renderà i nati nel vostro segno molto impulsivi.
25	Stasera avrete nuovi temi di osservazione e di meditazione grazie ad influssi di Nettuno.
26	Nel pomeriggio non avrete successo nella sfera domestica.
27	Piccoli momenti di introversione caratterizzeranno la giornata per colpa di Urano.
28	Non desistete dall'obiettivo prefissato.
29	Urano vi farà agire senza tatto e giudiziosità, combinerete un bel guaio.
30	Siate più aperti a nuove vedute, ci saranno sorprese in mattinata grazie a Urano.

Vergine : Ottobre

1. Sarà abbastanza facile oggi raggiungere la felicità grazie all'influsso di Venere.
2. Nel pomeriggio grazie ad Urano sarete dotati di ottima perspicacia.
3. I vostri scopi ideali o nobili saranno apprezzati da un amico.
4. Il vostro spirito di intraprendenza stamattina sarà esaltato grazie alla Luna.
5. Sarete un po' introversi, la Luna vi sfavorisce.
6. In serata avrete inventiva ed originalità da vendere, complimenti.
7. Saturno vi renderà troppo combattivi, non provocate discussioni.
8. Un comportamento grossolano stamattina potrebbe ferire chi vi sta accanto.
9. Non siate troppo indipendenti, Nettuno lo sconsiglia.
10. Siete troppo mutevoli di pensiero, fissate un punto fermo.
11. Il vostro lato generoso ed umano si farà avanti in serata grazie a Plutone.
12. Giove vi renderà in serata ricchi di idee, mettetele a frutto.
13. Sarà facile oggi raggiungere la felicità grazie all'influsso di Saturno.
14. Avrete il dominio sulle situazioni, coglietele al volo, Marte è con voi.
15. Sarete fantasiosi ed immaginativi, è il momento di creare qualcosa.

16	La Luna vi rende i sentimenti impulsivi ed impazienti, la giornata sarà molto attiva.
17	La famiglia e i vicini vi influenzeranno in modo particolare alla sera.
18	In mattinata Giove vi renderà un po' critici.
19	Stamattina mirate al sodo delle cose, la Luna vi incoraggia.
20	Stasera avrete nuovi temi di osservazione e di meditazione grazie ad influssi di Urano.
21	Siete troppo attaccati al lato pratico delle cose, svincolatevi.
22	Stamattina possederete un forte senso della giustizia grazie al Sole.
23	Saturno vi renderà molto concreti, potrete realizzare i vostri piani.
24	Mercurio vi renderà troppo gelosi, ciò genera diffidenza.
25	Non diminuite la fiducia in voi stessi, una spinta arriva da Mercurio.
26	Non siate troppo rigidi e seriosi se volete farvi apprezzare.
27	Non avrete sicuramente il tempo di annoiarvi, la Luna vi coinvolgerà.
28	Per riuscire a preservare il vostro ottimismo oggi dovrete compiere un sacrificio a causa dell'influenza un po' avversa di
29	Oggi avrete un qualcosa di "mistico".
30	Non agite in maniera impulsiva, Nettuno lo sconsiglia.
31	Sarà molto facile oggi pomeriggio raggiungere la felicità grazie all'influsso di Venere.

Vergine : Novembre

1. Oggi non sarete particolarmente eloquenti, fuggite da situazioni compromettenti.
2. Avete dei modi di fare un po' austeri, lasciatevi andare.
3. Il vostro lato sensibile ed dolce si farà avanti grazie a Marte.
4. Il vostro lato generoso ed umano si farà avanti in tarda mattinata grazie a Urano.
5. Potresti anche fare lunghi viaggi avventurosi, è un buon periodo.
6. Per riuscire a preservare il vostro ottimismo oggi dovrete compiere un grande sforzo a causa dell'influenza un po'
7. Sarete un po' introversi nel pomeriggio, Marte vi sfavorisce.
8. Siete un po' sfuggenti, ma da cosa scappate?
9. Attenti stasera a non rischiare di avere una severità eccessiva in ambito lavorativo.
10. Tenderete ad esprimervi in maniera misurata e prudente, Saturno stasera vi controlla.
11. L'influenza di Venere vi apporterà grande vitalità.
12. Non esprimete troppo il vostro pensiero, oggi Marte consiglia di meglio stare in silenzio.
13. Avrete alcuni conflitti tra sensibilità e ragione a causa di Mercurio.
14. Ti stanchi facilmente? Oggi Urano è sfavorevole.
15. Il vostro lato sensibile ed dolce si farà avanti in tarda mattinata grazie a Plutone.

16	Qualcosa o qualcuno potrà farvi scoraggiare.
17	In mattinata nei confronti degli altri sarete molto estroversi.
18	Oggi saranno poco favoriti gli studi e l'apprendimento in generale.
19	Qualcosa stasera stimolerà parecchio il tuo interesse.
20	Stasera avrete un innato senso del comando grazie a Giove.
21	Nettuno stasera vi renderà un poco distaccati.
22	Questo pomeriggio sarà difficile elaborare due pensieri diversi allo stesso tempo.
23	Avrete nuovi temi di osservazione e di meditazione grazie ad influssi di Marte.
24	Marte renderà i nati nel vostro segno poco impazienti.
25	Stamattina possederete un forte senso della giustizia grazie a Marte.
26	Desiderate vivere in un'atmosfera familiare favorevole, Marte vi favorisce.
27	Oggi sarete molto concreti, potrete realizzare i vostri piani.
28	Mercurio renderà i nati nel vostro segno molto intraprendenti.
29	Stamattina avrete nuovi temi di osservazione e di meditazione grazie ad influssi di Saturno.
30	Con il desiderio e la tenacia oggi tutto sembrerà più facile specie al mattino.

Vergine : Dicembre

1. *Per riuscire a preservare il vostro ottimismo oggi dovrete compiere un sacrificio a causa dell'influenza un po' avversa*
2. *Non siate troppo conservatori, sfruttate la spinta della Luna.*
3. *Stamattina sarete particolarmente sensibili e romantici grazie a Venere.*
4. *Avrete un particolare intuito nel pomeriggio.*
5. *La vostra sensibilità elevata potrebbe mettervi a rischio.*
6. *Siate tolleranti e non critici e pignoli, specie in mattinata.*
7. *State pensando troppo agli altri, pensate anche alla vostra persona.*
8. *Avrete nel pomeriggio le capacità per lavorare duramente, con metodo, e grande attenzione, Nettuno vi è favorevole.*
9. *Grazie a Marte sarete molto concentrati, ma non ignorate ciò che vi circonda.*
10. *Oggi sarete di pochissime parole, riflettete.*
11. *Uno stato d'animo aggressivo in serata vi farà compiere un piccolo errore.*
12. *Sarà abbastanza facile oggi pomeriggio raggiungere la felicità grazie all'influsso di Giove.*
13. *Non ricercate certo la monotonia, ma non stancatevi troppo.*
14. *Stasera avrete nuovi temi di osservazione e di meditazione.*
15. *Nel pomeriggio grazie a Marte sarete dotati di ottima perspicacia.*

16	Giornata caratterizzata da una forte volontà, grazie al Sole favorevole.
17	Non agite in maniera impulsiva, il Sole lo sconsiglia.
18	Cercate di non apparire arroganti, Marte vi è contrario.
19	Tenderete ad esprimervi in maniera misurata e prudente, Nettuno stasera vi controlla.
20	Avrete in mattinata alcuni conflitti tra sensibilità e ragione a causa del Sole.
21	Sarà molto facile oggi pomeriggio raggiungere la felicità grazie all'influsso della Luna.
22	Giove renderà i nati nel vostro segno poco impulsivi.
23	Il vostro lato generoso ed umano si farà avanti nel tardo pomeriggio grazie a Urano.
24	Stasera avrete nuovi temi di osservazione e di meditazione grazie ad influssi di Marte.
25	Amate la casa e la vita comoda, ma oggi Venere vi farà cambiare idea.
26	La pazienza ed il tatto stamattina non saranno il vostro forte.
27	Avrete in serata alcuni conflitti tra sensibilità e ragione.
28	Il vostro lato generoso ed umano si farà avanti nel pomeriggio grazie al Sole.
29	Eserciterete un potere magnetico inconsapevole che farà capitolare la preda prescelta.
30	In mattinata non avrete sicuramente il tempo di annoiarvi, Giove vi coinvolgerà.
31	Non avrete scuse per non arrivare alla meta prefissa, impegnatevi.

Bilancia : Gennaio

1. Il vostro lato sensibile ed dolce si farà avanti in mattinata.
2. Le questioni finanziarie stamattina andranno a gonfie vele grazie a Saturno.
3. Avrete il dominio sulle situazioni, coglietele al volo, Plutone è con voi.
4. La pazienza ed il tatto stamattina non saranno il vostro forte a causa di Giove.
5. Le situazioni ambigue non fanno per voi, prudenza in mattinata.
6. Sarete spinti da una grande carica di ottimismo specie al pomeriggio, Saturno è ok.
7. Saturno renderà i nati nel vostro segno molto impulsivi.
8. Non diminuite la fiducia in voi stessi, una spinta arriva da Venere.
9. Non siate impulsivi e aggressivi, vi lascerebbero da parte.
10. Il vostro lato generoso ed umano si farà avanti solo in tarda serata grazie al Sole.
11. Il senso di giustizia che avete sarà ben valorizzato.
12. Siate più aperti a nuove vedute, ci saranno sorprese grazie a Marte.
13. I vostri collaboratori non saranno in sintonia con voi, provvedete altrimenti.
14. Non fatevi influenzare troppo da aspetti sentimentali.
15. Avrete tenacia da vendere, specie nel pomeriggio grazie a Nettuno.

16	Giove vi rende carichi di emotività, fate attenzione in mattinata.
17	In mattinata non avrete sicuramente il tempo di annoiarvi, il Sole vi coinvolgerà.
18	Saprete affrontare la sera con disinvoltura e innovazione per via di influssi di Mercurio.
19	Nei confronti degli altri sarete molto estroversi grazie a Venere.
20	Attenzione a non assumere atteggiamenti egoistici.
21	Urano stasera vi renderà un poco distaccati.
22	Un'avventura romantica o passionale è alle porte, ma prudenza.
23	Preferirete lavorare più sullo sfondo di un progetto che in prima linea.
24	Avete delle sfide da vincere, ma avete Mercurio sfavorevole.
25	Nel pomeriggio avrete successo nella sfera famigliare.
26	Saprete affrontare la sera con disinvoltura e innovazione per via di influssi di Marte.
27	Sarà molto facile stasera raggiungere la felicità grazie all'influsso del Sole.
28	Il vostro spirito di intraprendenza stasera sarà esaltato grazie a Marte.
29	Amate le cose concrete, specie la carriera, ma buttate il tempo.
30	Un carico di enegia dal Sole, ecco cosa si prospetta per voi in serata.
31	Che meraviglia, oggi avrete un tocco di fascino un po' particolare.

Bilancia : Febbraio

1. Vivrete in maniera interiore molto emotiva, la Luna vi occhieggia.
2. La Luna vi rende carichi di emotività, fate attenzione in mattinata.
3. Sarete un po' introversi stasera, Venere vi sfavorisce.
4. Sarà facile oggi raggiungere la felicità grazie all'influsso di Mercurio.
5. Per riuscire a preservare il vostro ottimismo oggi dovrete compiere un sacrificio a causa dell'influenza un po' avversa di
6. Stasera avrete un elevato senso di responsabilità e di autocontrollo grazie a Giove.
7. Il tuo fascino misterioso sarà messo in discussione da un collega.
8. Fate di tutto per essere sicuri di piacere, ma non esagerate.
9. Siete ambiziosi e avrete la capacità di portare a termine i progetti che vengono intrapresi.
10. Piccoli momenti di introversione caratterizzeranno la sera per colpa di Saturno.
11. Venere vi rende carichi di emotività, fate attenzione in serata.
12. Il vostro lato generoso ed umano si farà avanti nel tardo pomeriggio grazie al Sole.
13. Il tuo fascino misterioso sarà messo in discussione da una amica.
14. Saprete affrontare la vita con disinvoltura e innovazione per via di influssi di Saturno.
15. Il vostro lato generoso ed umano si farà avanti nel pomeriggio grazie a Mercurio.

16	Avrete tenacia da vendere, specie al mattino grazie a Nettuno.
17	Non agite stasera in maniera impulsiva, Mercurio lo sconsiglia.
18	Sarete un po' introversi stamattina, la Luna vi sfavorisce.
19	Sarete spinti da una grande carica di ottimismo specie alla sera, Saturno è ok.
20	Non esprimete troppo il vostro pensiero, oggi la Luna consiglia di stare in silenzio.
21	Amate la casa e la vita comoda, ma oggi Mercurio vi farà cambiare idea.
22	Stasera sarà facile elaborare due pensieri diversi allo stesso tempo.
23	Avrete stamattina le capacità per lavorare duramente, con metodo, e grande attenzione, la Luna vi è favorevole.
24	Avrete nel pomeriggio le capacità per lavorare duramente, con metodo, e grande attenzione, Urano vi è favorevole.
25	Non lasciatevi intimorire da un amico.
26	Meglio esprimersi in maniera misurata e prudente, Giove lo consiglia.
27	Avrete un particolare intuito, che trae esperienza dal passato.
28	Meglio adottare metodi e punti di vista comuni, specie in amore.

Bilancia : Marzo

1. La vostra perspicacia oggi avrà ottimi effetti.
2. Non siate troppo organizzati e metodici se volete farvi apprezzare sul lavoro.
3. Urano stasera vi renderà poco flessibili, lasciate spazio anche agli altri!
4. In mattinata nei confronti degli altri sarete poco estroversi a causa di Plutone.
5. La vostra ambizione ed efficienza promette successi sul lavoro grazie a Urano.
6. Piccoli momenti di introversione caratterizzeranno la giornata per colpa di Giove.
7. Possederete una carica magnetica insolita, Saturno vi ispira in mattinata.
8. Possederete una carica magnetica insolita, Urano vi ispira in mattinata.
9. Giove renderà i nati nel vostro segno molto impulsivi.
10. Il vostro lato sensibile ed dolce si farà avanti grazie a Urano.
11. Stamattina avrete un elevato senso di responsabilità e di autocontrollo grazie alla Luna.
12. Tenderete ad esprimervi in maniera misurata e prudente, Giove stasera vi controlla.
13. Avrete notevoli energie grazie all'influsso di Mercurio.
14. Ti stanchi facilmente? Oggi Nettuno è sfavorevole.
15. Dovete imparare a contenere la vostra innata tendenza verso gli eccessi.

16	Non fatevi scoraggiare da un amico, l'ostacolo non sarà reale.
17	Sarà molto facile oggi raggiungere la felicità grazie all'influsso di Saturno.
18	La pazienza ed il tatto stamattina non saranno il vostro forte a causa della Luna.
19	Sarete molto orgogliosi dei vostri successi.
20	Una profonda carica di ottimismo vi investirà in serata, complice Mercurio.
21	In mattinata Mercurio vi renderà un po' critici.
22	Mirate al sodo delle cose, il Sole vi incoraggia.
23	In mattinata non avrete un buon fiuto per gli affari.
24	Stamattina mirate al sodo delle cose, Saturno vi incoraggia.
25	L'influenza della Luna vi apporterà grande vitalità.
26	La Luna vi renderà ricchi di idee, mettetele a frutto.
27	State agendo in maniera troppo impulsiva, ciò non porterà buobi frutti.
28	Avete idee diverse e inaspettate, sarete originali.
29	Oggi saranno molto favoriti gli studi e l'apprendimento in generale.
30	Non lasciatevi intimorire da un collega.
31	Nel pomeriggio nei confronti degli altri sarete molto estroversi.

Bilancia : Aprile

1. *Il vostro lato generoso ed umano si farà avanti solo in tarda serata grazie a Venere.*
2. *Mercurio vi renderà molto concreti, potrete realizzare i vostri piani.*
3. *Per riuscire a preservare il vostro ottimismo oggi dovrete compiere un grande sforzo a causa dell'influenza un po'*
4. *Il vostro lato generoso ed umano si farà avanti in tarda mattinata grazie a Nettuno.*
5. *Marte vi renderà molto concreti, potrete realizzare i vostri piani.*
6. *Con la vostra ambizione riuscirete a trarre profitto dai lavori impegnativi.*
7. *In mattinata nei confronti degli altri sarete poco estroversi a causa della Luna.*
8. *Il vostro lato generoso ed umano si farà avanti solo in tarda serata grazie a Urano.*
9. *Sarete molto orgogliosi dei vostri successi, Giove vi darà un aiuto.*
10. *Siate più aperti a nuove vedute, ci saranno sorprese in serata grazie al Sole.*
11. *Lasciate perdere gli schemi predefiniti, Giove vi stimolerà.*
12. *Sarete particolarmente sensibili e romantici grazie a Venere.*
13. *Siate più aperti a nuove vedute, ci saranno sorprese grazie alla Luna.*
14. *Sarà facile oggi raggiungere la felicità.*
15. *Avrete tenacia da vendere, specie al mattino presto grazie a Nettuno.*

16	Attenti stasera a non rischiare di avere una severità eccessiva in ambito famigliare.
17	Avrete tenacia da vendere, specie al mattino presto.
18	La pazienza ed il tatto stasera non saranno il vostro forte.
19	Le questioni finanziarie oggi andranno a gonfie vele grazie al Sole.
20	Marte questo pomeriggio vi rende poco flessibili, lasciate spazio anche agli altri!
21	Oggi saranno favoriti gli studi e l'apprendimento in generale.
22	In mattinata avrete inventiva ed originalità da vendere, complimenti.
23	La Luna oggi vi renderà un poco distaccati.
24	La pazienza ed il tatto oggi non saranno il vostro forte a causa di Giove.
25	Nel pomeriggio nei confronti degli altri sarete poco estroversi a causa di Saturno.
26	Meglio esprimersi stamattina in maniera misurata e prudente, Venere lo consiglia.
27	Non desistete dall'obiettivo prefissato.
28	La vostra sensibilità elevata potrebbe mettervi a rischio stasera a causa di un collega.
29	Non siate riservati stasera, sembrate distaccati.
30	Gli ostacoli per voi oggi non rappresenteranno un problema.

Bilancia : Maggio

1. Mirate al sodo delle cose, Marte vi incoraggia.
2. Sarete gentili e generosi, Mercurio è dalla vostra parte.
3. La fiducia nelle vostre capacità stamane vacillerà un po'.
4. Sarete un po' introversi stamattina, Giove vi sfavorisce.
5. Sarà facile oggi raggiungere la felicità grazie all'influsso di Marte.
6. Lasciate perdere stamattina gli schemi predefiniti, il Sole vi stimolerà.
7. Sarete un po' introversi stamattina, Saturno vi sfavorisce.
8. Possederete una carica magnetica insolita, Saturno vi ispira in serata.
9. La Luna questo pomeriggio vi rende poco elastici, lasciate spazio anche agli altri!
10. Potrebbe finalmente arrivare un successo nella vita professionale grazie a Venere.
11. Sarete desiderosi di una grande autonomia ed indipendenza.
12. Oggi possederete un forte senso della giustizia grazie a Giove.
13. Potrebbe finalmente arrivare un successo nella vita professionale grazie a Nettuno.
14. Ti stanchi facilmente? Stamattina il Sole è sfavorevole.
15. Oggi vi attendono eventi positivi necessari per la riuscita ed il successo.

16	Siate più aperti a nuove vedute, ci saranno sorprese grazie a Urano.
17	Desiderate vivere in un'atmosfera familiare favorevole, Saturno vi favorisce.
18	In serata grazie a Saturno sarete dotati di ottima perspicacia.
19	Giove oggi vi renderà un poco distaccati.
20	L'influenza di Urano vi apporterà grande vitalità.
21	La Luna stamattina vi renderà un poco distaccati.
22	Il vostro lato generoso ed umano si farà avanti solo in tarda serata.
23	Saturno renderà i nati nel vostro segno poco intraprendenti.
24	Non agite in maniera impulsiva, Urano lo sconsiglia.
25	Marte vi rende i sentimenti impulsivi ed impazienti, la giornata sarà molto attiva.
26	E' ora di decidersi a instaurare un rapporto vuoi essere molto sicuro.
27	La stabilità economica potrebbe raggiungere oggi lo sperato equilibrio.
28	Sarete un po' introversi stasera, la Luna vi sfavorisce.
29	Il vostro lato generoso ed umano si farà avanti in tarda mattinata grazie a Marte.
30	Sarete molto aperti verso le nuove idee, specialmente al pomeriggio.
31	Il vostro lato generoso ed umano si farà avanti grazie a Marte.

Bilancia : Giugno

1. Saprete affrontare la mattina con disinvoltura e innovazione per via di influssi di Marte.
2. Ti stanchi facilmente? Oggi Giove è sfavorevole.
3. Il vostro lato generoso ed umano si farà avanti in mattinata grazie a Nettuno.
4. Sarà molto facile oggi pomeriggio raggiungere la felicità grazie all'influsso della Luna.
5. Lasciate perdere stamattina gli schemi predefiniti, Giove vi stimolerà.
6. Sarà facile oggi raggiungere la felicità.
7. Stamattina avrete un innato senso del comando grazie a Giove.
8. Stamattina sarete una persona ottimista e ben organizzata.
9. Sarete consapevoli che esistono inevitabilmente degli impegni che vanno rispettati.
10. Agirete di slancio per avere più autorità.
11. Il vostro carattere sensibile rischierà di essere ferito.
12. Sarete acuti, flessibili e pieni di inventiva.
13. Il vostro lato sensibile ed dolce si farà avanti grazie a Venere.
14. Oggi sarà semplice ottenere quanto prefissato con un buon dominio sulle situazioni.
15. Tenderete ad esprimervi in maniera misurata e prudente, la Luna vi controlla.

16	*Avrete stamattina le capacità per lavorare duramente, con metodo, e grande attenzione.*
17	*Sarete attratti verso compiti impegnativi e difficili.*
18	*Tenderete ad esprimervi in maniera misurata e prudente.*
19	*Il Sole vi darà grandi aiuti per concludere i vostri affari.*
20	*Il vostro lato generoso ed umano si farà avanti in serata grazie a Marte.*
21	*Per riuscire a preservare il vostro ottimismo oggi dovrete compiere un grande sforzo a causa dell'influenza un po'*
22	*Piccoli momenti di introversione caratterizzeranno la sera per colpa di Giove.*
23	*Serata ottima per le relazioni interpersonali, buona fortuna.*
24	*Ti stanchi facilmente? Stamattina Saturno è sfavorevole.*
25	*Vi sentite instancabili, il Sole vi aiuta.*
26	*Sarete un po' introversi, Giove vi sfavorisce.*
27	*Nel pomeriggio grazie a Nettuno sarete dotati di ottima perspicacia.*
28	*Preferirete lavorare a contatto con gli altri.*
29	*La fiducia in voi stessi stasera vacillerà un po'.*
30	*La fiducia nelle vostre capacità oggi raggiungerà l'apice.*

Bilancia : Luglio

1. Giove stamattina vi renderà un poco distaccati.
2. Se non coltivate interessi filosofici è il caso di provvedere.
3. La sicurezza in termini materiali e finanziari sarà un obiettivo lento da raggiungere.
4. Piccoli momenti di introversione caratterizzeranno la mattina per colpa di Marte.
5. Perchè soffermarsi sui soliti canoni estetici?
6. Il vostro senso di ribellione si vorrà manifestare, ma attenzione.
7. In mattinata nei confronti degli altri sarete molto estroversi grazie alla Luna.
8. Giornata caratterizzata da una forte volontà, grazie a Giove favorevole.
9. Siate più aperti a nuove vedute, ci saranno sorprese in mattinata grazie al Sole.
10. Non lasciatevi intimorire da un collega specie in mattinata.
11. In serata grazie al Sole sarete dotati di ottima perspicacia.
12. Urano stamattina vi renderà un poco distaccati.
13. Prestate attenzione a non dimostrarvi troppo sicuri delle vostre capacità.
14. Per riuscire a preservare il vostro ottimismo oggi dovrete compiere uno sforzo a causa dell'influenza un po' avversa di
15. Avrete delle ottime capacità per emergere ed imporvi sugli altri.

16	Il vostro carattere sensibile rischierà di essere ferito da un collega.
17	Sarete attratti dai viaggi, è ora di fare valigia!
18	Siete alla ricerca di certezze e quindi obiettivi concreti e utili.
19	Il coraggio e la passionalità oggi saranno il vostro punto debole.
20	Le questioni finanziarie oggi non andranno a gonfie vele.
21	Giove renderà i nati nel vostro segno poco impazienti.
22	In mattinata Nettuno vi renderà un po' critici.
23	Non agite stasera in maniera impulsiva, Saturno lo sconsiglia.
24	Tenderete ad esprimervi in maniera misurata e prudente, Giove vi controlla.
25	Meglio esprimersi in maniera misurata e prudente, Mercurio lo consiglia.
26	Non abbiate stamattina troppo quell'aria di superiorità, vi danneggia.
27	Non siate troppo ostinati, rimarrete con un pugno di mosche.
28	Sarà abbastanza facile stasera raggiungere la felicità grazie all'influsso di Giove.
29	Avrete tenacia da vendere, specie nel pomeriggio grazie ad Urano.
30	Grazie al vostro spirito di organizzazione potreste portare innovazioni.
31	In serata nei confronti degli altri sarete molto estroversi grazie alla Luna.

Bilancia : Agosto

1. Siete sensibili, oggi il Sole vi renderà vulnerabili negli affari di cuore.
2. Per riuscire a preservare il vostro ottimismo oggi dovrete compiere uno sforzo a causa dell'influenza un po' avversa di
3. Possederete una carica magnetica insolita, il Sole vi ispira.
4. Un comportamento grossolano oggi potrebbe ferire chi vi sta accanto.
5. Non agite in maniera impulsiva, Saturno lo sconsiglia.
6. Sarà abbastanza facile oggi raggiungere la felicità grazie all'influsso di Giove.
7. Siete troppo romantici e sognatori, rimettete i piedi in terra.
8. Sarete gentili e generosi, Marte è dalla vostra parte.
9. Il vostro lato sensibile ed dolce si farà avanti in tarda mattinata grazie a Venere.
10. Il vostro lato sensibile ed dolce si farà avanti solo in tarda serata grazie a Urano.
11. Avrete buone capacità di concentrazione, sfruttatele.
12. Non siate troppo conservatori, sfruttate la spinta di Venere.
13. La fortuna oggi sarà molto dalla vostra parte grazie a Giove.
14. Un amante dei viaggi risveglierà in voi lontani ricordi.
15. Stamattina avrete un innato senso del comando grazie a Saturno.

16	In mattinata sarete ricchi di idee, mettetele a frutto.
17	Non siate troppo indipendenti, la Luna lo sconsiglia.
18	Avrete tenacia da vendere, specie al mattino grazie a Marte.
19	Avrete nuovi temi di osservazione e di meditazione grazie ad influssi della Luna.
20	Avrete bisogno di libertà, Urano vi darà conforto.
21	La vostra sensibilità elevata potrebbe mettervi a rischio a causa di un amico.
22	Avete delle sfide da vincere, ma avete Giove dalla vostra parte.
23	Giove renderà i nati nel vostro segno molto loquaci.
24	Nei confronti degli altri sarete poco estroversi a causa della Luna.
25	Non vi incupite in maniera eccessiva, non è il momento.
26	Meglio esprimersi in maniera misurata e prudente, il Sole lo consiglia.
27	Stasera avrete un elevato senso di responsabilità e di autocontrollo grazie alla Luna.
28	Nettuno stamattina vi renderà un poco distaccati.
29	Giornata da dedicare alle amicizie grazie alla spinta data da Mercurio.
30	Oggi possederete un forte senso della giustizia.
31	Tenderete ad esprimervi in maniera misurata e prudente, Venere vi controlla.

Bilancia : Settembre

1. Possederete una carica magnetica insolita, Giove vi ispira.
2. Sarà abbastanza facile oggi raggiungere la felicità grazie all'influsso di Saturno.
3. Il sentimento e la passione saranno influenzati soprattutto dall'attrazione fisica.
4. Sarete attratti in mattinata verso compiti impegnativi e difficili.
5. Saprete esprimervi in modo molto chiaro e sarete apprezzati.
6. Giove renderà i nati nel vostro segno molto impazienti.
7. A volte avete dei modi di fare un po' austeri, che possono tendere a far allontanare le persone.
8. Non avrete un particolare intuito in mattinata.
9. Il vostro lato sensibile ed dolce si farà avanti nel tardo pomeriggio grazie a Nettuno.
10. Siete inclini ad intraprendere relazioni stabili e durevoli, ma aspettate il momento giusto.
11. Avrete in serata alcuni conflitti tra sensibilità e ragione a causa di Giove.
12. Avrete nel pomeriggio le capacità per lavorare duramente, con metodo, e grande attenzione.
13. Il vostro spirito di intraprendenza nel pomeriggio sarà esaltato grazie alla Luna.
14. Non sarete ammirati ed elogiati per il vostro impegno.
15. Sarete un po' introversi stasera, Urano vi sfavorisce.

16	Tenderete ad esprimervi in maniera misurata e prudente, Nettuno stamattina vi controlla.
17	Grazie a Giove in mattinata sarete pieni di ambizione ed energia, approfittatene.
18	Avrete un particolare intuito in serata.
19	I sentimenti inconsci vi ispireranno piacevoli ricordi grazie all'influsso di Urano.
20	Non diminuite la fiducia nelle vostre capacità, una spinta arriva da Plutone.
21	Stasera avrete un elevato senso di responsabilità e di autocontrollo grazie a Saturno.
22	La Luna vi rende troppo mutevoli di pensiero, fissate un punto fermo.
23	Stasera avrete un innato senso del comando grazie a Nettuno.
24	La vostra ambizione ed efficienza promette successi in affari.
25	Stamattina sarà facile elaborare due pensieri diversi allo stesso tempo.
26	Vivrete in maniera interiore molto emotiva, Saturno vi occhieggia.
27	Piccoli momenti di introversione caratterizzeranno la mattina.
28	Grazie a Saturno sarete ambiziosi e al tempo stesso sensibili, attenzione.
29	Sarete spinti da una grande carica di ottimismo specie al mattino, il Sole è ok.
30	Sarete un po' introversi, Nettuno vi sfavorisce.

Bilancia : Ottobre

1. In giornata Giove vi darà inventiva ed originalità da vendere, complimenti.
2. Avrete stamattina le capacità per lavorare duramente, con metodo, e grande attenzione, Nettuno vi è favorevole.
3. Stamattina sarete timidi ed indecisi, ma è passeggero, piccolo influsso di Marte.
4. La fiducia nelle vostre capacità stasera vacillerà un po'.
5. Non lasciatevi intimorire da un amico specie nel pomeriggio.
6. Cosa vi rende così poco eloquenti in mattinata? Probabilente la Luna.
7. Il vostro lato sensibile ed dolce si farà avanti in tarda mattinata grazie a Marte.
8. Stamattina avrete un innato senso del comando grazie a Mercurio.
9. Non si può dimostrare insofferenza nei confronti dell'autorità.
10. La vostra continua ricerca di verità e l'onestà sarà gratificata.
11. Le questioni finanziarie oggi non andranno a gonfie vele grazie al Sole.
12. Giove vi renderà in mattinata ricchi di idee, mettetele a frutto.
13. Il vostro lato sensibile ed dolce si farà avanti in tarda mattinata grazie alla Luna.
14. Riscoprirete grazie ad una amica i piaceri semplici della vita.
15. Qualcuno stimolerà parecchio la tua curiosità.

16	Qualcosa stimolerà parecchio il tuo interesse.
17	Avete delle sfide da vincere, ma avete Nettuno dalla vostra parte.
18	Saturno vi rende carichi di emotività, fate attenzione.
19	Ti stanchi facilmente? Stamattina la Luna è sfavorevole.
20	Il vostro lato generoso ed umano si farà avanti in serata grazie a Nettuno.
21	Saprete ben comportarvi nella società, avete carisma.
22	La vostra possessività può essere pericolosa, attenti.
23	La vostra determinazione vi porterà ad un insperato successo con l'influsso di Marte.
24	La vostra ambizione ed efficienza promette successi in amore.
25	Attenti stamattina a non rischiare di diventare troppo dominatori in ambito lavorativo.
26	Grazie al vostro animo generoso ed umano sarete aperti a nuove vedute della vita.
27	Il vostro lato sensibile ed dolce si farà avanti nel tardo pomeriggio grazie a Urano.
28	Nettuno vi renderà molto concreti, potrete realizzare i vostri piani.
29	Avrete bisogno di libertà, Venere vi darà conforto.
30	Il vostro lato sensibile ed dolce si farà avanti solo in tarda serata grazie a Venere.
31	Lasciate perdere stamattina gli schemi predefiniti, Marte vi stimolerà.

Bilancia : Novembre

1. *In serata Giove vi darà inventiva ed originalità da vendere, complimenti.*
2. *Il vostro spirito di intraprendenza nel pomeriggio sarà esaltato grazie a Marte.*
3. *In serata Marte vi renderà un po' critici.*
4. *Avrete le capacità per lavorare duramente, con metodo, e grande attenzione, Giove vi è favorevole.*
5. *Lasciate perdere stamattina gli schemi predefiniti, Mercurio vi stimolerà.*
6. *Marte stasera vi renderà poco flessibili, lasciate spazio anche agli altri!*
7. *Mercurio oggi vi renderà un poco distaccati.*
8. *In mattinata Saturno vi darà inventiva ed originalità da vendere, complimenti.*
9. *In mattinata la Luna vi renderà un po' critici.*
10. *Stasera mirate al sodo delle cose, Mercurio vi incoraggia.*
11. *Non eccedete nella critica e nella pignoleria, sareste malvisti.*
12. *In mattinata non avrete sicuramente il tempo di annoiarvi, la Luna vi coinvolgerà.*
13. *Avrete un fascino un po' particolare grazie a Venere.*
14. *Il vostro lato sensibile ed dolce si farà avanti in mattinata grazie a Marte.*
15. *Tenderete ad esprimervi in maniera misurata e prudente, Venere stamattina vi controlla.*

16	Avrete innate qualità di leader, sfruttatele bene.
17	Grazie al Sole sarete ambiziosi e al tempo stesso sensibili, attenzione.
18	Bisogna cercare di essere un po' più tolleranti, specie verso un parente.
19	In serata Urano vi renderà un po' critici.
20	Stasera avrete un innato senso del comando grazie a Saturno.
21	Marte non vi permetterà di esprimervi in maniera disinvolta e chiara.
22	Avrete bisogno di libertà, Giove vi darà conforto.
23	Sarete spinti da una grande carica di ottimismo specie alla sera, Marte è ok.
24	La fiducia in voi stessi stamane raggiungerà l'apice.
25	Avrete un'insolita attrazione verso l'arte e la creatività.
26	Gli interessi spirituali saranno esaltati dalla Luna, ma saranno passeggeri.
27	In mattinata nei confronti degli altri sarete poco estroversi a causa di Marte.
28	Saprete affrontare la mattina con disinvoltura e innovazione per via di influssi di Urano.
29	Meglio non avere comportamenti materni, Giove è mal messo.
30	Avrete nuovi temi di osservazione e di meditazione grazie ad influssi di Giove.

Bilancia : Dicembre

1. Lasciate perdere gli schemi predefiniti, Marte vi stimolerà.
2. Marte renderà i nati nel vostro segno poco intraprendenti.
3. Sarete un po' introversi nel pomeriggio, Giove vi sfavorisce.
4. Giornata ottima per le relazioni interpersonali, buona fortuna.
5. Il vostro lato sensibile ed dolce si farà avanti in tarda mattinata grazie a Giove.
6. Nel pomeriggio grazie a Giove sarete dotati di ottima perspicacia.
7. Sarete particolarmente creativi, con un sacco di idee, il Sole vi stimola.
8. Sarete un po' introversi stasera, Marte vi sfavorisce.
9. In serata non avrete sicuramente il tempo di annoiarvi, Giove vi coinvolgerà.
10. Neanche voi riuscirete a tollerare la vostra innata gelosia.
11. Non diminuite la fiducia in voi stessi, una spinta arriva da Plutone.
12. Avete a volte dei modi di fare un po' austeri, che possono tendere a far allontanare le persone.
13. Bisognerà avere il coraggio di nuove azioni.
14. Una profonda carica di ottimismo vi investirà, complice Mercurio.
15. Sarà facile oggi raggiungere la felicità grazie all'influsso della Luna.

16	*Saprete affrontare la vita con disinvoltura e innovazione per via di influssi di Marte.*
17	*Siete sensibili, oggi Marte vi renderà vulnerabili negli affari di cuore.*
18	*Una profonda carica di ottimismo vi investirà nel pomeriggio.*
19	*Siete sicuri di avere uno spirito focoso ed ardente?*
20	*Nei confronti degli altri sarete poco estroversi a causa di Nettuno.*
21	*Siete sensibili, stasera Venere vi renderà vulnerabili negli affari di cuore.*
22	*Non siate puntigliosi, perdete tempo.*
23	*Sarete spinti da una grande carica di ottimismo specie al mattino, Saturno è ok.*
24	*Sarete un po' introversi stamattina, Plutone vi sfavorisce.*
25	*Non agite stamattina in maniera impulsiva, Marte lo sconsiglia.*
26	*La vostra intelligenza marcata vi renderà molto efficienti grazie a Marte.*
27	*Lo spirito di iniziativa e d'avventura saranno le caratteristiche del vostro carattere.*
28	*Bisogna cercare di essere un po' più tolleranti, specie verso un amico.*
29	*Sarete al centro dell'attenzione, ma lo vorrete?*
30	*Sarete ammirati ed elogiati per il vostro impegno.*
31	*Amato scrutare aspetti e situazioni in profondità, ma non esagerate.*

Scorpione : Gennaio

1. Abbiate la giusta flessibilità nel pensiero, farete un figurone.
2. Stasera sarete una persona poco ottimista ed organizzata.
3. Sarà molto facile oggi pomeriggio raggiungere la felicità grazie all'influsso di Marte.
4. Meglio esprimersi stamattina in maniera misurata e prudente, Giove lo consiglia.
5. Il bisogno di indipendenza sarà più forte che mai.
6. Venere vi renderà troppo gelosi, ciò genera diffidenza.
7. Il vostro lato sensibile ed dolce si farà avanti solo in tarda serata grazie a Mercurio.
8. Avrete molteplici interessi, sarete invidiati!
9. La Luna questo pomeriggio vi rende poco flessibili, lasciate spazio anche agli altri!
10. La vostra carica intuitiva sarà utile sul piano amoroso.
11. Avete delle sfide da vincere, ma avete Marte dalla vostra parte.
12. Vivrete in maniera interiore molto emotiva, Giove vi occhieggia.
13. Avrete un'incredibile attrazione per la casa e la famiglia per via di Marte.
14. La vostra intelligenza marcata vi renderà molto efficienti grazie a Giove.
15. L'umorismo e la vivacità di fondo della personalità vi aiuteranno.

16	*Non siate puntigliosi, perdete troppo tempo.*
17	*Dovete imparare a contenere l'innata tendenza verso gli eccessi.*
18	*Grazie a Marte in mattinata sarete pieni di ambizione ed energia, approfittatene.*
19	*Avrete il dominio sulle situazioni, coglietele al volo, Giove è con voi.*
20	*Sarete molto influenzati nella sfera emotiva da un amico.*
21	*In ambito professionale darete molta importanza alla capacità organizzativa.*
22	*Affrontate la vita in maniera ragionata e prudente, ma troppo timidamente.*
23	*Possederete una carica magnetica insolita, Marte vi ispira in mattinata.*
24	*Non lasciatevi sopraffare da uno stato latente di inquietudine.*
25	*Cercate di non apparire arroganti, Urano vi è contrario.*
26	*Avete delle sfide da vincere, ma avete Urano dalla vostra parte.*
27	*Siate più aperti a nuove vedute, ci saranno sorprese grazie a Mercurio.*
28	*Marte stasera vi renderà un poco distaccati.*
29	*Sarà molto facile stasera raggiungere la felicità grazie all'influsso di Mercurio.*
30	*La vostra intelligenza marcata vi renderà molto efficienti.*
31	*Saturno stasera vi renderà poco flessibili, lasciate spazio anche agli altri!*

Scorpione : Febbraio

1. Il vostro lato generoso ed umano si farà avanti nel tardo pomeriggio grazie a Venere.
2. I sentimenti vi domineranno per l'intera giornata, forse è il momento di conquiste.
3. Il vostro lato sensibile ed dolce si farà avanti in mattinata grazie alla Luna.
4. Una profonda carica di ottimismo vi investirà nel pomeriggio, complice Mercurio.
5. Sarete un po' introversi nel pomeriggio, Nettuno vi sfavorisce.
6. La vostra eccessiva sensibilità potrebbe compromettere la capacità di agire in modo deciso.
7. Sarete orgogliosi dei vostri successi, Giove vi darà un aiuto.
8. Avrete un carattere vivace ed attraente grazie a Venere.
9. Il vostro lato generoso ed umano si farà avanti nel tardo pomeriggio grazie alla Luna.
10. Sarete controllati dlla razionalità, in particolar modo alla sera.
11. Sarete molto vivaci e ciò vi farà assimilare molto facilmente delle nozioni.
12. Siete pieni di progetti, ma è meglio affrontare problemi pratici.
13. La vostra ambizione ed efficienza promette successi in affari grazie alla Luna.
14. Avrete le capacità per lavorare duramente, con metodo, e grande attenzione, la Luna vi è favorevole.
15. Avrete tenacia da vendere, specie nel pomeriggio grazie al Sole.

16	Oggi tenderete troppo alle dispute, non fatevi nemici.
17	Saturno questo pomeriggio vi rende poco flessibili, lasciate spazio anche agli altri!
18	Sarete molto influenzati nel pomeriggio nella sfera emotiva da un amico.
19	Stamattina sarete poco flessibili, lasciate spazio anche agli altri!
20	Il vostro lato generoso ed umano si farà avanti in serata grazie a Giove.
21	Nel pomeriggio Urano vi renderà un po' critici.
22	Sarete un po' introversi stasera, Giove vi sfavorisce.
23	Stamattina avrete un elevato senso di responsabilità e di autocontrollo.
24	Le situazioni ambigue non fanno per voi, prudenza.
25	Nel pomeriggio Giove vi renderà un po' critici.
26	Avrete tenacia da vendere, specie al mattino.
27	Il vostro lato generoso ed umano si farà avanti grazie a Urano.
28	Saprete infondere negli altri fiducia ed ottimismo.

Scorpione : Marzo

1	Urano stamattina vi rende poco flessibili, lasciate spazio anche agli altri!
2	Siete troppo gelosi, ciò genera diffidenza.
3	Sarete particolarmente creativi, con un sacco di idee, la Luna vi stimola.
4	Nel pomeriggio nei confronti degli altri sarete poco estroversi.
5	Lasciate perdere stasera gli schemi predefiniti, la Luna vi stimolerà.
6	Marte stamattina vi rende poco elastici, lasciate spazio anche agli altri!
7	Stasera avrete un elevato senso di responsabilità e di autocontrollo grazie a Nettuno.
8	La famiglia e i vicini vi influenzeranno in modo particolare.
9	Stamattina avrete un elevato senso di responsabilità e di autocontrollo grazie a Marte.
10	I vostri ideali estetici stanno mirando troppo in alto, attenzione.
11	La pazienza ed il tatto stasera non saranno il vostro forte a causa della Luna.
12	In mattinata Saturno vi renderà un po' critici.
13	La vostra ambizione ed efficienza promette successi sul lavoro grazie a Plutone.
14	Giove stamattina vi rende poco elastici, lasciate spazio anche agli altri!
15	Saprete affrontare la mattina con disinvoltura e innovazione per via di influssi di Venere.

16	Cercate protezione e vita stabile, allora oggi sarà un gran giorno.
17	Sarete un po' introversi stamattina, il Sole vi sfavorisce.
18	Per riuscire a preservare il vostro ottimismo oggi dovrete compiere uno sforzo a causa dell'influenza un po' avversa di
19	Difenderete tenacemente le vostre convinzioni morali, vi sentite offesi.
20	Piccoli momenti di introversione caratterizzeranno la sera.
21	Prima di prendere una decisione valutate bene tutti i fattori.
22	Saprete affrontare la vita con disinvoltura e innovazione per via di influssi di Plutone.
23	Vi sentite instancabili, Giove vi aiuta.
24	Mercurio renderà i nati nel vostro segno poco impulsivi.
25	Attenti a non ricercare troppo il bisogno di conferme, Nettuno vi è nocivo.
26	Urano vi renderà impazienti, rilassatevi.
27	Adorate stare in mezzo alla gente, oggi giornata propizia.
28	Il vostro lato sensibile ed dolce si farà avanti in serata grazie a Marte.
29	Giove renderà i nati nel vostro segno poco intraprendenti.
30	Meglio non avere comportamenti materni, Saturno è mal messo.
31	Dovrete prendervi cura di un parente, ma ne varrà la pena.

Scorpione : Aprile

1. Non siate troppo indipendenti, Marte lo sconsiglia.
2. Meglio esprimersi stamattina in maniera misurata e prudente, il Sole lo consiglia.
3. Il vostro lato generoso ed umano si farà avanti nel pomeriggio grazie a Nettuno.
4. Il vostro lato sensibile ed dolce si farà avanti solo in tarda serata grazie a Plutone.
5. Oggi sarete inquieti ed instabili, a tempi alterni a causa di Marte.
6. Saturno renderà i nati nel vostro segno molto impazienti.
7. Oggi sarete dinamici e passivi a causa della Luna.
8. Non ostinatevi su un'idea fissa, è controproducente.
9. Sarete un po' introversi, Urano vi sfavorisce.
10. Il vostro lato sensibile ed dolce si farà avanti in serata grazie a Nettuno.
11. Stamattina avrete nuovi temi di osservazione e di meditazione grazie ad influssi di Nettuno.
12. Cercate di non apparire arroganti, Saturno vi è contrario.
13. Meglio non avere comportamenti materni, Mercurio è mal messo.
14. Stamattina possederete un forte senso della giustizia.
15. Un carico di enegia da Marte, ecco cosa si prospetta per voi in mattinata.

16	Meglio adottare metodi e punti di vista comuni, specie negli affari.
17	Attenti a non rischiare di diventare troppo dominatori in ambito sociale.
18	Troverete grandi aiuti per concludere i vostri affari.
19	Saprete affrontare la mattina con disinvoltura e innovazione per via di influssi solari.
20	Difendete le vostre opinioni, ne vale la pena.
21	Avrete bisogno di libertà, Plutone vi darà conforto.
22	Non lasciatevi intimorire da un'amica specie nel pomeriggio.
23	Vivrete in maniera interiore molto emotiva, il Sole vi occhieggia.
24	I vostri scopi ideali o nobili saranno apprezzati da un superiore.
25	In serata sarete caratterizzati da un'intelligenza critica.
26	Siate più aperti a nuove vedute, ci saranno sorprese in serata grazie a Saturno.
27	Siate più aperti a nuove vedute, ci saranno sorprese in mattinata.
28	Stamattina avrete nuovi temi di osservazione e di meditazione grazie ad influssi di Venere.
29	Sdrammatizzate e cogliete i lati divertenti della vita.
30	Meglio non avere comportamenti materni, Venere è mal messo.

Scorpione : Maggio

1. Saturno vi rende carichi di emotività, fate attenzione in serata.
2. Il vostro lato sensibile ed dolce si farà avanti in serata grazie a Venere.
3. Saturno renderà i nati nel vostro segno poco audaci.
4. Nettuno stamattina vi rende poco flessibili, lasciate spazio anche agli altri!
5. Non fatevi scoraggiare, l'ostacolo non sarà reale.
6. Il coraggio e la passionalità oggi saranno il vostro punto forte.
7. Vivrete in maniera interiore molto emotiva, Mercurio vi occhieggia.
8. Procedete con ordine e metodo, Giove vi disorienterà.
9. Saturno non vi renderà molto eloquenti, non rammaricatevene.
10. In serata nei confronti degli altri sarete molto estroversi grazie a Venere.
11. Il vostro lato sensibile ed dolce si farà avanti nel pomeriggio grazie a Nettuno.
12. Sarete un po' introversi, Plutone vi sfavorisce.
13. Avrete stamattina le capacità per lavorare duramente, con metodo, e grande attenzione, Giove vi è favorevole.
14. Procedete con ordine e metodo, Mercurio vi disorienterà.
15. Siate più aperti a nuove vedute, ci saranno sorprese in mattinata grazie a Mercurio.

16	Avrete bisogno di libertà, Marte vi darà conforto.
17	Una profonda carica di ottimismo vi investirà stamattina, complice Marte.
18	La Luna renderà i nati nel vostro segno molto loquaci.
19	Sarete pieni di iniziative, specie nel pomeriggio.
20	Saturno renderà i nati nel vostro segno molto intraprendenti.
21	Il vostro lato sensibile ed dolce si farà avanti in tarda mattinata grazie a Nettuno.
22	Oggi sarete dinamici e passivi.
23	Giove vi renderà espansivi ed ottimisti, sarete apprezzati.
24	Grazie a Plutone sarete ambiziosi e al tempo stesso sensibili, attenzione.
25	Avrete tenacia da vendere, specie in serata grazie a Plutone.
26	Il vostro lato sensibile ed dolce si farà avanti in mattinata grazie a Mercurio.
27	Quel progetto che vi siete prefissati finalmente sta per realizzarsi.
28	Una profonda carica di ottimismo vi investirà stamattina, complice Giove.
29	In mattinata grazie a Saturno sarete dotati di ottima perspicacia.
30	Saturno oggi vi renderà un poco distaccati.
31	Giornata caratterizzata da una forte volontà, grazie ad Urano favorevole.

Scorpione : Giugno

1. Il vostro lato generoso ed umano si farà avanti solo in tarda serata grazie a Giove.
2. Vorrete essere particolarmente indipendenti dall'autorità dei genitori.
3. Grazie ad Urano sarete pieni di ambizione ed energia, approfittatene.
4. Attenti stamattina a non rischiare di avere una severità eccessiva in ambito sociale.
5. La pazienza ed il tatto stasera non saranno il vostro forte a causa di Marte.
6. Cercate di non apparire arroganti, Nettuno vi è contrario.
7. Riscoprirete grazie ad un parente i piaceri semplici della vita.
8. La Luna vi darà grandi aiuti per concludere i vostri affari.
9. Saturno stasera vi renderà un poco distaccati.
10. Meglio esprimersi in maniera misurata e prudente, la Luna lo consiglia.
11. Avrete notevoli energie grazie all'influsso di Giove.
12. Non siate troppo rigidi e seriosi se volete farvi apprezzare sul lavoro.
13. Stamattina avrete nuovi temi di osservazione e di meditazione.
14. Oggi sarete inquieti ed instabili, a tempi alterni a causa di Mercurio.
15. Il vostro lato generoso ed umano si farà avanti nel pomeriggio grazie a Urano.

16	*Non siate riservati stamattina, sembrate distaccati.*
17	*Sarà facile oggi raggiungere la felicità grazie all'influsso di Giove.*
18	*Mercurio stasera vi renderà un poco distaccati.*
19	*Saturno renderà i nati nel vostro segno molto loquaci.*
20	*Una profonda carica di ottimismo vi investirà stamattina, complice Venere.*
21	*Nel pomeriggio grazie al Sole sarete dotati di ottima perspicacia.*
22	*Piccoli momenti di introversione caratterizzeranno la mattina per colpa di Mercurio.*
23	*Avrete tenacia da vendere, specie in serata grazie al Sole.*
24	*Questo è un periodo in cui si desiderano cambiamenti costruttivi per la propria persona.*
25	*Che coraggio e passionalità! Avete la forza di Marte in poppa.*
26	*La Luna oggi vi renderà un poco distaccati.*
27	*Sarete impegnati contemporaneamente anche su più progetti.*
28	*Attenti a non ricercare troppo il bisogno di conferme, Urano vi è nocivo.*
29	*Grazie a Nettuno sarete ambiziosi e al tempo stesso sensibili, attenzione.*
30	*In serata sarete ricchi di idee, mettetele a frutto.*

Scorpione : Luglio

1. Piccoli momenti di introversione caratterizzeranno la mattina per colpa del Sole.
2. Stasera mirate al sodo delle cose, Marte vi incoraggia.
3. Grazie a Urano sarete ambiziosi e al tempo stesso sensibili, attenzione.
4. Nei confronti degli altri sarete poco estroversi a causa di Saturno.
5. La vostra richiesta d'affetto sarà raccolta ma all'ultimo momento.
6. L'amore riveste per voi un ruolo primario, ma ne siete convinti?
7. Avrete un'incredibile attrazione per la casa e la famiglia.
8. I sentimenti inconsci vi ispireranno piacevoli ricordi grazie all'influsso di Venere.
9. Oggi sarete faciliti ad instaurare rapporti interpersonali.
10. La famiglia e i vicini vi influenzeranno in modo particolare al mattino.
11. Attenti stamattina a non rischiare di diventare troppo dominatori in ambito sociale.
12. Non agite in maniera impulsiva, Plutone lo sconsiglia.
13. In serata nei confronti degli altri sarete poco estroversi a causa di Giove.
14. Per riuscire a preservare il vostro ottimismo oggi dovrete compiere un grande sforzo a causa dell'influenza un po'
15. Procedete con ordine e metodo, Venere vi disorienterà.

16	Avrete alcuni conflitti tra sensibilità e ragione a causa della Luna.
17	Sarete spinti da una grande carica di ottimismo specie al pomeriggio, Marte è ok.
18	Il vostro lato generoso ed umano si farà avanti in mattinata grazie a Plutone.
19	Grazie alla Luna sarete ambiziosi e al tempo stesso sensibili, attenzione.
20	Sarete ambiziosi e al tempo stesso sensibili, attenzione.
21	Per riuscire a preservare il vostro ottimismo oggi dovrete compiere un grande sforzo a causa dell'influenza un po'
22	Per riuscire a preservare il vostro ottimismo oggi dovrete compiere un sacrificio a causa dell'influenza un po' avversa di
23	Avrete nuovi temi di osservazione e di meditazione grazie ad influssi di Mercurio.
24	Sarà molto facile stasera raggiungere la felicità grazie all'influsso di Venere.
25	La vostra ambizione ed efficienza promette successi in affari grazie al Sole.
26	Il vostro lato sensibile ed dolce si farà avanti nel tardo pomeriggio.
27	Non sarete ammirati ed elogiati per il vostro lavoro.
28	La vita amorosa sarà ricca di esperienze.
29	In mattinata sarete influenzati dal pianeta dell'amore e dei sentimenti.
30	Avrete un elevato senso di responsabilità e di autocontrollo grazie alla Luna.
31	Avrete un particolare intuito in mattinata.

Scorpione : Agosto

1. Meglio esprimersi in maniera misurata e prudente, Venere lo consiglia.
2. Lasciate perdere stamattina gli schemi predefiniti, Nettuno vi stimolerà.
3. Combattere tra la determinazione e la rinuncia, oggi sarà complicato.
4. Sarete spinti da una grande carica di ottimismo specie al mattino, Marte è ok.
5. Saprete affrontare la sera con disinvoltura e innovazione per via di influssi di Urano.
6. Non siate troppo indipendenti, Giove lo sconsiglia.
7. Sarete pieni di iniziative, specie in serata.
8. In giornata Marte vi darà inventiva ed originalità da vendere, complimenti.
9. Saprete affrontare la vita con disinvoltura e innovazione per via di influssi di Mercurio.
10. Con il desiderio e la tenacia oggi tutto sembrerà più facile.
11. Stamattina avrete nuovi temi di osservazione e di meditazione grazie ad influssi del Sole.
12. Vi sentite instancabili, la Luna vi aiuta.
13. Troverete chi saprà capire le vostre esigenze di spirito familiare.
14. Avrete tenacia da vendere, specie in serata grazie a Giove.
15. Sarete orgogliosi dei vostri successi.

16	*Sarà molto facile stasera raggiungere la felicità grazie all'influsso della Luna.*
17	*Le questioni finanziarie stamattina andranno a gonfie vele grazie a Marte.*
18	*Non avrete per niente voglia di uniformarvi alle tradizioni.*
19	*Mirate al sodo delle cose, la Luna vi incoraggia.*
20	*Un'avventura romantica o passionale è alle porte, lasciate perdere.*
21	*Il vostro lato generoso ed umano si farà avanti in mattinata grazie a Urano.*
22	*Non agite in maniera impulsiva, Mercurio lo sconsiglia.*
23	*Sarete un po' sfuggenti, ma da cosa scappate?*
24	*Sarete freddi e di calcolatori, non è da voi.*
25	*I vostri sentimenti profondi e fedeli oggi saranno riconosciuti.*
26	*Avrete un carattere vivace ed attraente grazie alla Luna.*
27	*Qualcuno stimolerà parecchio il tuo interesse.*
28	*Non sarete ammirati ed elogiati per il vostro aiuto.*
29	*Il vostro lato generoso ed umano si farà avanti in tarda mattinata grazie a Venere.*
30	*La vostra determinazione vi porterà ad un insperato successo con l'influsso di Saturno.*
31	*Il vostro lato generoso ed umano si farà avanti nel tardo pomeriggio grazie a Giove.*

Scorpione : Settembre

1. L'apertura mentale che si possiete sarà notata.
2. Avete delle sfide da vincere, ma avete Marte sfavorevole.
3. Stamattina mirate al sodo delle cose, Venere vi incoraggia.
4. Avrete stamattina le capacità per lavorare duramente, con metodo, e grande attenzione, Mercurio vi è favorevole.
5. Il vostro lato generoso ed umano si farà avanti in serata grazie a Mercurio.
6. Lasciatevi andare alla tenerezza, ne vale la pena.
7. Sarete freddi e di calcolatori, non è da voi, Marte vi è contrario.
8. Le questioni finanziarie oggi andranno a gonfie vele grazie a Marte.
9. Nel pomeriggio non avrete successo nella sfera famigliare.
10. Attenti a non ricercare troppo il bisogno di conferme, Mercurio vi è nocivo.
11. Non diminuite la fiducia in voi stessi, una spinta arriva da Marte.
12. Stamattina avrete nuovi temi di osservazione e di meditazione grazie ad influssi della Luna.
13. L'energia e l'aggressività si manifestano in maniera idealistica, è un bene.
14. Avete delle sfide da vincere, ma avete la Luna dalla vostra parte.
15. Avrete nel pomeriggio le capacità per lavorare duramente, con metodo, e grande attenzione, Marte vi è favorevole.

16	Avrete stamattina le capacità per lavorare duramente, con metodo, e grande attenzione, Urano vi è favorevole.
17	Per riuscire a preservare il vostro ottimismo oggi dovrete compiere un sacrificio a causa dell'influenza un po' avversa di
18	In serata nei confronti degli altri sarete poco estroversi a causa di Plutone.
19	L'interesse per l'arte e la bellezza in generale potrebbe trovare oggi soluzione.
20	Meglio non avere comportamenti materni, il Sole è mal messo.
21	Sarete un po' introversi stamattina, Mercurio vi sfavorisce.
22	L'attenzione di un uomo gentile sarà per voi essenziale.
23	Per riuscire a preservare il vostro ottimismo oggi dovrete compiere un sacrificio a causa dell'influenza un po' avversa di
24	Grazie ad Urano in mattinata sarete pieni di ambizione ed energia, approfittatene.
25	Nel pomeriggio nei confronti degli altri sarete molto estroversi grazie alla Luna.
26	Sarete freddi e di calcolatori, non è da voi, stamattina Urano vi è contrario.
27	Non fatevi scoraggiare da un collega, l'ostacolo non sarà reale.
28	Urano questo pomeriggio vi rende poco flessibili, lasciate spazio anche agli altri!
29	Stasera avrete nuovi temi di osservazione e di meditazione grazie ad influssi di Mercurio.
30	Avrete tenacia da vendere, specie nel pomeriggio grazie a Giove.

Scorpione : Ottobre

1. *Il vostro lato sensibile ed dolce si farà avanti grazie a Giove.*
2. *Sarà molto facile oggi raggiungere la felicità grazie all'influsso della Luna.*
3. *Grazie a Marte sarete pieni di ambizione ed energia, approfittatene.*
4. *Nettuno questo pomeriggio vi rende poco flessibili, lasciate spazio anche agli altri!*
5. *Vi sentite instancabili, Nettuno vi aiuta.*
6. *Per riuscire a preservare il vostro ottimismo oggi dovrete compiere un grande sforzo.*
7. *Ti stanchi facilmente? Stamattina Plutone è sfavorevole.*
8. *Avrete un bisogno di essere rispettati in ambito lavorativo.*
9. *Procedete con ordine e metodo, Saturno vi disorienterà.*
10. *Marte renderà i nati nel vostro segno molto audaci.*
11. *Il vostro lato generoso ed umano si farà avanti in tarda mattinata grazie a Mercurio.*
12. *Urano vi darà grandi aiuti per concludere i vostri affari.*
13. *Urano questo pomeriggio vi rende poco elastici, lasciate spazio anche agli altri!*
14. *Siete troppo tradizionalisti, dovete un po' aggiornarvi.*
15. *Tenderete ad esprimervi in maniera misurata e prudente, la Luna stasera vi controlla.*

16	In mattinata grazie al Sole sarete dotati di ottima perspicacia.
17	Saturno vi renderà in serata ricchi di idee, mettetele a frutto.
18	Sarete ammirati ed elogiati per il vostro lavoro.
19	Nettuno vi renderà impazienti, rilassatevi.
20	Sarete spinti da una grande carica di ottimismo specie al pomeriggio.
21	Saprete affrontare la mattina con disinvoltura e innovazione per via di influssi di Giove.
22	Saturno renderà i nati nel vostro segno poco loquaci.
23	La Luna stasera vi renderà un poco distaccati.
24	Lasciate perdere stasera gli schemi predefiniti, Giove vi stimolerà.
25	Oggi sarete diversi dalla norma.
26	Possederete una carica magnetica insolita, la Luna vi ispira in mattinata.
27	La vostra sensibilità elevata potrebbe mettervi a rischio a causa di un collega.
28	Una profonda carica di ottimismo vi investirà, complice la Luna.
29	La Luna vi rende carichi di emotività, fate attenzione nel pomeriggio.
30	Il vostro spirito di intraprendenza sarà esaltato grazie alla Luna.
31	Bisogna cercare di essere un po' più tolleranti, specie verso un superiore.

Scorpione : Novembre

1. Stasera avrete un innato senso del comando grazie a Marte.
2. Stasera sarete influenzati dal pianeta dell'amore e dei sentimenti.
3. Il vostro lato sensibile ed dolce si farà avanti in serata grazie al Sole.
4. Il vostro lato generoso ed umano si farà avanti in serata.
5. Tenderete ad esprimervi in maniera misurata e prudente, Mercurio vi controlla.
6. Procedete con ordine e metodo, Marte vi disorienterà.
7. La Luna vi permetterà di esprimervi in maniera disinvolta e chiara.
8. Avrete un innato senso del comando grazie a Nettuno.
9. Marte questo pomeriggio vi rende poco elastici, lasciate spazio anche agli altri!
10. Nel pomeriggio Marte vi renderà un po' critici.
11. Meglio esprimersi stamattina in maniera misurata e prudente, la Luna lo consiglia.
12. Sarete spinti da una grande carica di ottimismo specie al mattino.
13. Tenderete ad esprimervi in maniera misurata e prudente, Giove stamattina vi controlla.
14. State vivendo drammi in maniera molto profonda, recupererete.
15. Il vostro lato generoso ed umano si farà avanti nel pomeriggio grazie a Marte.

16	Nel pomeriggio sarete molto concentrati, ma non ignorate chi vi circonda.
17	Il vostro lato sensibile ed dolce si farà avanti grazie alla Luna.
18	Il vostro lato sensibile ed dolce si farà avanti nel pomeriggio grazie a Marte.
19	Avrete un innato senso del comando grazie a Mercurio.
20	Il vostro gusto del comando si esprimerà non in maniera equilibrata.
21	Avrete un gran desiderio di dare, ma anche di ricevere premure nei propri confronti.
22	Oggi vi sentirete particolarmente eloquenti, approfittate delle situazioni.
23	Il vostro lato sensibile ed dolce si farà avanti in tarda mattinata grazie al Sole.
24	Grazie ad Urano sarete pieni di ambizione ed energia in serata, approfittatene.
25	Avrete un bisogno di essere riconosciuti.
26	L'apertura mentale che si possiete sarà notata da un amico.
27	Oggi sarete di poche parole, riflettete.
28	Il vostro lato generoso ed umano si farà avanti in mattinata grazie a Mercurio.
29	Avrete in mattinata alcuni conflitti tra sensibilità e ragione a causa di Urano.
30	Il vostro lato sensibile ed dolce si farà avanti in serata grazie a Giove.

Scorpione : Dicembre

1. *I sentimenti inconsci vi ispireranno piacevoli ricordi grazie all'influsso di Giove.*
2. *I sentimenti inconsci vi ispireranno piacevoli ricordi grazie all'influsso lunare.*
3. *La necessità di avere qualcuno vicino vi metterà in difficoltà.*
4. *Sarete particolarmente comprensivi, magari siate utili a qualcuno.*
5. *Oggi sarete dinamici e passivi, a tempi alterni a causa di Marte.*
6. *Stasera mirate al sodo delle cose, Giove vi incoraggia.*
7. *Siate più aperti a nuove vedute, ci saranno sorprese in mattinata grazie a Urano.*
8. *Bisognerebbe cercare di essere un po' più riflessivi.*
9. *Il vostro lato generoso ed umano si farà avanti solo in tarda serata grazie a Nettuno.*
10. *Stamattina avrete un innato senso del comando grazie a Urano.*
11. *Siate riservati stasera, meglio sembrare distaccati.*
12. *Marte oggi vi renderà un poco distaccati.*
13. *Siete sensibili, stasera Marte vi renderà vulnerabili negli affari di cuore.*
14. *La vostra ambizione ed efficienza promette successi in amore grazie a Nettuno.*
15. *Non avete voglia di stare con gli altri, Urano lo evidenzia.*

16	Attenti a non ricercare troppo il bisogno di conferme, Giove vi è nocivo.
17	Non diminuite la fiducia in voi stessi, una spinta arriva dal Sole.
18	Non ammettete legami eccessivi o condizionanti, ma sarà il caso di cedere.
19	Le questioni finanziarie stamattina andranno a gonfie vele grazie al Sole.
20	Avrete stamattina le capacità per lavorare duramente, con metodo, e grande attenzione, il Sole vi è favorevole.
21	Il vostro lato generoso ed umano si farà avanti solo in tarda serata grazie alla Luna.
22	Sarete pieni di progetti, ma è meglio affrontare problemi pratici.
23	Siete brilanti e simpatici, oggi è favorito lo sport all'aria aperta.
24	Non legatevi agli schemi tradizionali, siete sopra le righe.
25	Sarete sempre in movimento, dinamici.
26	Avrete tenacia da vendere, specie nel pomeriggio grazie a Saturno.
27	Il vostro carattere sensibile rischierà di essere ferito da un amico.
28	Sarete troppo combattivi, non provocate discussioni.
29	Non diminuite la fiducia in voi stessi, una spinta arriva da Saturno.
30	La fiducia in voi stessi stasera raggiungerà l'apice.
31	Il Sole renderà i nati nel vostro segno molto audaci.

Sagittario : Gennaio

1. Stasera avrete un innato senso del comando grazie a Urano.
2. Meglio adottare metodi e punti di vista comuni, specie in famiglia.
3. Avrete stamattina le capacità per lavorare duramente, con metodo, e grande attenzione, Marte vi è favorevole.
4. Il vostro lato generoso ed umano si farà avanti in mattinata grazie al Sole.
5. L'influenza di Marte vi apporterà grande vitalità.
6. Sarà molto facile oggi raggiungere la felicità grazie all'influsso di Marte.
7. Il coraggio e la passionalità oggi saranno il vostro punto debole per via di Marte.
8. Il vostro spirito di intraprendenza sarà esaltato grazie a Marte.
9. Sarete un po' introversi nel pomeriggio, Mercurio vi sfavorisce.
10. Oggi non amerete la buona tavola, i cibi raffinati e gli ambienti confortevoli.
11. Sarete spinti da una grande carica di ottimismo specie alla sera, la Luna è ok.
12. Uno stato d'animo aggressivo vi farà compiere un piccolo errore.
13. I continui cambiamenti di pensiero non vi faranno trovare l'equilibrio.
14. Saturno stamattina vi renderà un poco distaccati.
15. Il vostro lato generoso ed umano si farà avanti nel tardo pomeriggio grazie a Nettuno.

16	Dovrete prendervi cura di un nemico, ma ne varrà la pena.
17	Avrete notevoli energie grazie all'influsso di Nettuno.
18	Marte non vi renderà molto eloquenti, non rammaricatevene.
19	Marte stamattina vi rende poco flessibili, lasciate spazio anche agli altri!
20	Avrete un elevato senso di responsabilità e di autocontrollo grazie a Saturno.
21	Oggi possederete un forte senso della giustizia grazie al Sole.
22	Ricercate il giusto equilibrio nel modo di comportarvi.
23	Avrete tenacia da vendere, specie al mattino presto grazie a Mercurio.
24	Possederete una carica magnetica insolita, Saturno vi ispira.
25	Grazie a Marte sarete ambiziosi e al tempo stesso sensibili, attenzione.
26	Meglio non avere comportamenti materni, Plutone è mal messo.
27	Avrete un fascino un po' particolare.
28	Sarete gentili e generosi, Giove è dalla vostra parte.
29	Avrete tenacia da vendere, specie in serata.
30	Le vostre energie possono scoppiare da un momento all'altro.
31	Avrete un bisogno di esercitare un certo dominio in ambito famigliare.

Sagittario : Febbraio

1. *Nel pomeriggio sarete ricchi di idee, mettetele a frutto.*
2. *I vostri scopi ideali o nobili saranno apprezzati da una amica.*
3. *Mirate al sodo delle cose, Saturno vi incoraggia.*
4. *Non diminuite la fiducia nelle vostre capacità, una spinta arriva da Giove.*
5. *Vi apprezzeranno per i vostri molteplici interessi.*
6. *Giove stamattina vi rende poco flessibili, lasciate spazio anche agli altri!*
7. *Tenderete ad esprimervi in maniera misurata e prudente, Saturno vi controlla.*
8. *Siate più aperti a nuove vedute, ci saranno sorprese in serata grazie alla Luna.*
9. *Il vostro lato generoso ed umano si farà avanti in serata grazie a Urano.*
10. *Una profonda carica di ottimismo vi investirà nel pomeriggio, complice la Luna.*
11. *Sarà abbastanza facile oggi pomeriggio raggiungere la felicità grazie all'influsso di Marte.*
12. *Possederete una carica magnetica insolita, la Luna vi ispira in serata.*
13. *Avrete tenacia da vendere, specie in serata grazie a Saturno.*
14. *Il vostro lato generoso ed umano si farà avanti in tarda mattinata grazie al Sole.*
15. *Il vostro lato generoso ed umano si farà avanti nel pomeriggio grazie alla Luna.*

16	La vostra gelosia può essere pericolosa, attenti.
17	Oggi sarete dinamici e passivi, a tempi alterni.
18	Non spendete troppe energie, Giove vi è sfavolevole.
19	Avrete caratteristiche quali la precisione, la perseveranza e la risolutezza.
20	Avrete le capacità per lavorare duramente, con metodo, e grande attenzione, il Sole vi è favorevole.
21	Attenti a non rischiare di avere una severità eccessiva in ambito famigliare.
22	Il vostro lato sensibile ed dolce si farà avanti in serata grazie a Urano.
23	La vostra ambizione ed efficienza promette successi in amore grazie a Marte.
24	Grazie a Saturno sarete pieni di ambizione ed energia in serata, approfittatene.
25	Attenti a non ricercare troppo il bisogno di conferme, Plutone vi è nocivo.
26	Sarete un po' introversi stasera, Nettuno vi sfavorisce.
27	Ti stanchi facilmente? Stamattina Marte è sfavorevole.
28	Non lasciatevi intimorire da un imprevisto.

Sagittario : Marzo

1. Lasciate perdere stamattina gli schemi predefiniti, Saturno vi stimolerà.
2. Una profonda carica di ottimismo vi investirà stamattina.
3. Amate troppo gli aspetti legati alla tradizione ed alla comodità.
4. Il coraggio e la passionalità oggi saranno il vostro punto debole per via di Venere.
5. Giornata caratterizzata dalla creatività, con un insolito inizio.
6. Siete sensibili, oggi la Luna vi renderà vulnerabili negli affari di cuore.
7. Sarà molto facile oggi pomeriggio raggiungere la felicità grazie all'influsso del Sole.
8. In serata grazie a Nettuno sarete dotati di ottima perspicacia.
9. Potrebbe finalmente arrivare un successo nella vita professionale grazie alla Luna.
10. Sarà molto facile oggi raggiungere la felicità grazie all'influsso del Sole.
11. Nettuno stamattina vi rende poco elastici, lasciate spazio anche agli altri!
12. La vostra ambizione ed efficienza promette successi in amore grazie a Plutone.
13. La vostra ambizione ed efficienza promette successi in amore grazie al Sole.
14. Saturno renderà i nati nel vostro segno poco impulsivi.
15. Non lasciatevi intimorire da un collega specie nel pomeriggio.

16	*Nei confronti degli altri sarete poco estroversi.*
17	*Sarete spinti da una grande carica di ottimismo.*
18	*Sarete gentili e generosi, la Luna è dalla vostra parte.*
19	*Non legatevi agli schemi tradizionali, siete anticonformisti.*
20	*Una profonda carica di ottimismo vi investirà nel pomeriggio, complice Venere.*
21	*In giornata la Luna vi darà inventiva ed originalità da vendere, complimenti.*
22	*La ricerca dell'intesa perfetta potrebbe aver fine.*
23	*Sarete molto influenzati nel pomeriggio nella sfera emotiva da un parente.*
24	*La vostra sensibilità elevata potrebbe mettervi a rischio a causa di un'amica.*
25	*Il vostro lato sensibile ed dolce si farà avanti nel pomeriggio grazie a Urano.*
26	*Sarete particolarmente creativi, con un sacco di idee, Marte vi stimola.*
27	*Non lasciatevi intimorire da un parente specie nel pomeriggio.*
28	*Avrete alcuni conflitti tra sensibilità e ragione a causa del Sole.*
29	*Avrete un modo di fare onesto, diretto e chiaro.*
30	*Avrete tenacia da vendere, specie al mattino grazie alla Luna.*
31	*Non lasciatevi intimorire da un imprevisto specie nel pomeriggio.*

Sagittario : Aprile

1. In giornata avrete inventiva ed originalità da vendere, complimenti.
2. Non agite stamattina in maniera impulsiva, Saturno lo sconsiglia.
3. Un carico di enegia, ecco cosa si prospetta per voi in mattinata.
4. In serata non avrete sicuramente il tempo di annoiarvi, Marte vi coinvolgerà.
5. In serata grazie a Giove sarete dotati di ottima perspicacia.
6. Sarà molto facile oggi pomeriggio raggiungere la felicità grazie all'influsso di Giove.
7. In mattinata grazie a Nettuno sarete dotati di ottima perspicacia.
8. Un pizzico di ironia e un'allegria di fondo aiutano, pensateci.
9. Sarete spinti da una grande carica di ottimismo specie al mattino, Giove è ok.
10. Il vostro lato generoso ed umano si farà avanti in tarda mattinata grazie a Plutone.
11. Stamattina avrete un innato senso del comando grazie a Nettuno.
12. Qualcosa di travolgente è all'orizzonte.
13. Per riuscire a preservare il vostro ottimismo oggi dovrete compiere un grande sforzo a causa dell'influenza un po'
14. Sarete dotati di un'incredibile resistenza, sarà una giornata intensa.
15. Non avete voglia di stare con gli altri, Nettuno lo evidenzia.

16	Oggi sarete dinamici e passivi, a tempi alterni a causa della Luna.
17	Tenderete ad esprimervi in maniera misurata e prudente, Urano vi controlla.
18	Il vostro lato generoso ed umano si farà avanti nel tardo pomeriggio grazie a Marte.
19	Stamattina avrete nuovi temi di osservazione e di meditazione grazie ad influssi di Mercurio.
20	Lasciate perdere gli schemi predefiniti, il Sole vi stimolerà.
21	La vostra ambizione ed efficienza promette successi in affari grazie a Urano.
22	Grazie a Nettuno in mattinata sarete pieni di ambizione ed energia, approfittatene.
23	Giove vi renderà troppo orgogliosi, datevi una calmata.
24	La vostra intelligenza marcata vi renderà molto efficienti grazie alla Luna.
25	Nel pomeriggio sarete caratterizzati da un'intelligenza molto critica.
26	Sarà abbastanza facile stasera raggiungere la felicità grazie all'influsso di Saturno.
27	Ti stanchi facilmente? Stamattina Giove è sfavorevole.
28	Un carico di enegia, ecco cosa si prospetta per voi in serata.
29	Mercurio renderà i nati nel vostro segno poco impazienti.
30	Una profonda carica di ottimismo vi investirà stamattina, complice la Luna.

Sagittario : Maggio

1. Tenderete ad esprimervi in maniera misurata e prudente, Saturno stamattina vi controlla.
2. Non avete voglia di stare con gli altri, il Sole lo evidenzia.
3. Marte vi renderà troppo combattivi, non provocate discussioni.
4. Giornata caratterizzata da una forte volontà, grazie a Marte favorevole.
5. Le questioni finanziarie stamattina non andranno a gonfie vele.
6. Avrete alcuni conflitti tra sensibilità e ragione a causa di Plutone.
7. Nel pomeriggio non avrete successo nella sfera domestica.
8. Non ricercate certo la monotonia, ma non stancatevi troppo stamattina.
9. Marte renderà i nati nel vostro segno molto intraprendenti.
10. La vostra ambizione ed efficienza promette successi in amore grazie a Urano.
11. La Luna renderà i nati nel vostro segno poco impazienti.
12. La vostra voglia di libertà sarà messa a dura prova a causa di Saturno.
13. Ti stanchi facilmente? Oggi Saturno è sfavorevole.
14. Oggi raggiungerete una buona posizione professionale e materiale.
15. Avrete in mattinata alcuni conflitti tra sensibilità e ragione.

16	Il Sole renderà i nati nel vostro segno molto intraprendenti.
17	La vostra determinazione vi porterà ad un insperato successo con l'influsso della Luna.
18	In mattinata avrete un buon fiuto per gli acquisti.
19	Piccoli momenti di introversione caratterizzeranno la mattina per colpa di Giove.
20	Oggi sarete alla ricerca del perfezionismo, ma sarà difficile da ottenere.
21	La vostra loquacità sarà all'apice in serata.
22	Grazie a Giove sarete pieni di ambizione ed energia, approfittatene.
23	Combattere tra la determinazione e la rinuncia, stasera sarà complicato.
24	Avrete un bisogno di essere riconosciuti in ambito sociale.
25	Non lasciatevi intimorire da un'amica.
26	Stamattina avrete un elevato senso di responsabilità e di autocontrollo grazie a Nettuno.
27	Saprete affrontare la vita con disinvoltura e innovazione per via di influssi solari.
28	Rifuggite dalle persone troppo sofisticate, vi causeranno solo noie.
29	Nel pomeriggio Nettuno vi renderà un po' critici.
30	Avrete nuovi temi di osservazione e di meditazione grazie ad influssi di Venere.
31	Oggi sarete una persona un poco pessimista e poco organizzata.

Sagittario : Giugno

1. Avrete alcuni conflitti tra sensibilità e ragione.
2. Il vostro lato sensibile ed dolce si farà avanti nel pomeriggio grazie a Venere.
3. Calcolate in modo appropriato i rischi che devono essere affrontati.
4. Avrete alcuni conflitti tra sensibilità e ragione a causa di Giove.
5. Vi sentite instancabili, Urano vi aiuta.
6. Sarà molto facile oggi pomeriggio raggiungere la felicità grazie all'influsso di Mercurio.
7. Il vostro lato generoso ed umano si farà avanti nel tardo pomeriggio grazie a Plutone.
8. Marte vi renderà ricchi di idee, mettetele a frutto.
9. Vi sentite instancabili, Saturno vi aiuta.
10. Qualcuno stamane stimolerà parecchio il tuo interesse.
11. Stasera avrete nuovi temi di osservazione e di meditazione grazie ad influssi del Sole.
12. Sarete un po' introversi stasera, Mercurio vi sfavorisce.
13. Avrete nel pomeriggio le capacità per lavorare duramente, con metodo, e grande attenzione, Saturno vi è favorevole.
14. Avrete in serata alcuni conflitti tra sensibilità e ragione a causa di Marte.
15. Sarete freddi e di calcolatori, non è da voi ,stamattina Giove vi è contrario.

16	Sarete molto aperti verso le nuove idee, specialmente al mattino.
17	Attenti stasera a non rischiare di diventare troppo dominatori in ambito sociale.
18	Non riuscite a dimostrare la vostra ambizione, impegnatevi.
19	Siete irrequieti mentalmente e sempre alla ricerca di qualcosa di nuovo.
20	Grazie a Urano agirete di slancio per avere più autorità.
21	Siate più aperti a nuove vedute, ci saranno sorprese in serata grazie a Giove.
22	In serata la Luna vi renderà un po' critici.
23	Che coraggio e passionalità! Avete la forza di Venere in poppa.
24	Il vostro lato sensibile ed dolce si farà avanti solo in tarda serata grazie a Marte.
25	Trovare qualcuno che sappia capire le tue esigenze e i tuoi bisogni? Forse è il giorno giusto.
26	Il tuo fascino misterioso sarà messo in discussione da un amico.
27	Giove vi renderà troppo combattivi, non provocate discussioni.
28	Saprete affrontare la mattina con disinvoltura e innovazione per via di influssi di Nettuno.
29	Marte renderà i nati nel vostro segno molto impulsivi.
30	In mattinata sarete caratterizzati da un'intelligenza critica.

Sagittario : Luglio

1. Giove stasera vi renderà un poco distaccati.
2. Il vostro lato sensibile ed dolce si farà avanti solo in tarda serata.
3. Nel pomeriggio la vostra perspicacia oggi avrà ottimi effetti.
4. Desiderate vivere in un'atmosfera familiare favorevole, Urano vi favorisce.
5. Il vostro senso dell'ordine e misura si scontrerà con il realismo.
6. Avrete tenacia da vendere, specie al mattino grazie a Plutone.
7. Stasera avrete nuovi temi di osservazione e di meditazione grazie ad influssi di Saturno.
8. Amate la casa e la vita comoda, ma oggi potreste anche cambiare idea.
9. Per riuscire a preservare il vostro ottimismo oggi dovrete compiere un sacrificio a causa dell'influenza un po' avversa di
10. In serata non avrete sicuramente il tempo di annoiarvi, il Sole vi coinvolgerà.
11. In mattinata avrete un buon fiuto per gli affari.
12. Avrete in serata alcuni conflitti tra sensibilità e ragione a causa di Mercurio.
13. La vostra determinazione vi porterà ad un insperato successo.
14. Avrete tenacia da vendere, specie al mattino presto grazie ad Urano.
15. Sarete ricchi di idee, mettetele a frutto.

16	*Non agite stasera in maniera impulsiva, Plutone lo sconsiglia.*
17	*Non agite stamattina in maniera impulsiva, Giove lo sconsiglia.*
18	*Giove non vi renderà molto eloquenti, non rammaricatevene.*
19	*La vostra ambizione ed efficienza promette successi sul lavoro grazie a Marte.*
20	*Qualcuno stasera stimolerà parecchio la tua curiosità.*
21	*Grazie a Nettuno sarete pieni di ambizione ed energia in serata, approfittatene.*
22	*Saprete affrontare la sera con disinvoltura e innovazione per via di influssi di Plutone.*
23	*Siate più aperti a nuove vedute, ci saranno sorprese in serata grazie a Urano.*
24	*Avrete nuovi temi di osservazione e di meditazione grazie ad influssi di Saturno.*
25	*In ambito professionale darete molta importanza alla puntualità.*
26	*Viaggiare, muoversi, oggi non volete stare in casa!*
27	*Procedete con ordine e metodo, Nettuno vi disorienterà.*
28	*Passerete la giornata senza alcun pregiudizio, ma questo sarà rischioso.*
29	*Tenderete ad esprimervi in maniera misurata e prudente, il Sole stasera vi controlla.*
30	*Il prestigio nel proprio ambiente sociale sarà per voi raggiunto.*
31	*La vostra ambizione ed efficienza promette successi in amore grazie alla Luna.*

Sagittario : Agosto

1. Sarete freddi e di calcolatori, non è da voi, stamattina Saturno vi è contrario.
2. Non siate troppo indipendenti, Plutone lo sconsiglia.
3. La vostra sensibilità elevata potrebbe mettervi a rischio stasera a causa di un parente.
4. Giove questo pomeriggio vi rende poco flessibili, lasciate spazio anche agli altri!
5. Oggi ricercherete emozioni forti e situazioni impegnative.
6. Avrete le capacità per lavorare duramente, con metodo, e grande attenzione, Urano vi è favorevole.
7. Non siate troppo conservatori, sfruttate la spinta di Mercurio.
8. Come mai vi circonda un'aura di mistero? Liberatevene.
9. Il vostro lato generoso ed umano si farà avanti in tarda mattinata grazie alla Luna.
10. Non diminuite la fiducia nelle vostre capacità, una spinta arriva da Saturno.
11. Tenderete ad esprimervi in maniera misurata e prudente, Urano stasera vi controlla.
12. Le unioni platoniche non fanno per voi, datevi da fare altrove.
13. Sarete spinti da una grande carica di ottimismo specie alla sera, il Sole è ok.
14. Non amate perdere tempo in chiacchiere inutili, andate avanti per la vostra strada.
15. In mattinata nei confronti degli altri sarete poco estroversi a causa di Saturno.

16	Giove vi permetterà di esprimervi in maniera disinvolta e chiara.
17	Il vostro lato sensibile ed dolce si farà avanti nel pomeriggio grazie a Mercurio.
18	Saturno renderà i nati nel vostro segno molto audaci.
19	La vostra voglia di libertà sarà messa a dura prova a causa di Marte.
20	Avrete disciplina e autocontrollo da vendere, quanta energia!
21	Siate più aperti a nuove vedute, ci saranno sorprese in mattinata grazie a Saturno.
22	In serata Mercurio vi renderà un po' critici.
23	Venere vi darà grandi aiuti per concludere i vostri affari.
24	Avete delle sfide da vincere, ma avete Venere dalla vostra parte.
25	Non agite stamattina in maniera impulsiva, Nettuno lo sconsiglia.
26	Avrete una mentalità razionale e pratica, molto utile.
27	Sarete particolarmente creativi, con un sacco di idee, Urano vi stimola.
28	Sarà molto facile oggi raggiungere la felicità grazie all'influsso di Mercurio.
29	Sarete caratterizzati da un'intelligenza critica.
30	Le vostre capacità artistiche sono ottime, oggi applicatevi in materia.
31	Non abbiate oggi troppo quell'aria di superiorità, vi danneggia.

Sagittario : Settembre

1. Avete dei modi di fare un po' austeri, rispettate gli altri.
2. Piccoli momenti di introversione caratterizzeranno la giornata per colpa di Urano.
3. Attenti a non ricercare troppo il bisogno di conferme, la Luna vi è nociva.
4. Siate più aperti a nuove vedute, ci saranno sorprese in mattinata grazie a Giove.
5. Nei confronti degli altri sarete poco estroversi a causa di Plutone.
6. La famiglia e i vicini vi influenzeranno in modo particolare nel pomeriggio.
7. Un carico di enegia, ecco cosa si prospetta per voi.
8. Vi sentite instancabili, Mercurio vi aiuta.
9. Il vostro lato generoso ed umano si farà avanti in mattinata grazie a Giove.
10. Oggi tenderete troppo alle dispute di carattere intellettuale, non fatevi nemici.
11. Sarete consapevoli che esistono inevitabilmente degli impegni.
12. Avrete tenacia da vendere, specie nel pomeriggio grazie alla Luna.
13. La vostra carica emozionale si manifesterà grazie a Giove.
14. La vostra eccessiva sensibilità potrebbe compromettere la fiducia in voi stessi.
15. La Luna stamattina vi rende poco elastici, lasciate spazio anche agli altri!

16	Piccoli momenti di introversione caratterizzeranno la sera per colpa di Venere.
17	Sarà molto facile stasera raggiungere la felicità grazie all'influsso del Sole.
18	Nettuno vi darà grandi aiuti per concludere i vostri affari.
19	L'influenza di Nettuno vi apporterà grande vitalità.
20	Ti stanchi facilmente? Oggi Plutone è sfavorevole.
21	Il vostro lato sensibile ed dolce si farà avanti nel tardo pomeriggio grazie al Sole.
22	Oggi sarete inquieti ed instabili a causa di Mercurio.
23	Avrete un bisogno di essere riconosciuti in ambito famigliare.
24	Sarete carichi di emotività, fate attenzione.
25	Avrete notevoli energie grazie all'influsso di Saturno.
26	Avrete tenacia da vendere, specie al mattino grazie al Sole.
27	Sarete molto influenzati in serata nella sfera emotiva da un amico.
28	In mattinata la vostra perspicacia oggi avrà ottimi effetti.
29	Sarete molto orgogliosi dei vostri successi, Marte vi darà un aiuto.
30	Mercurio vi rende i sentimenti impulsivi ed impazienti, la giornata sarà molto attiva.

Sagittario : Ottobre

1. La vostra ambizione ed efficienza promette successi sul lavoro grazie alla Luna.
2. Una profonda carica di ottimismo vi investirà in serata, complice Venere.
3. Piccoli momenti di introversione caratterizzeranno la sera per colpa di Marte.
4. Sarete portati a capire i bisogni e i problemi degli altri, aiutateli.
5. In mattinata nei confronti degli altri sarete poco estroversi a causa di Nettuno.
6. Saprete affrontare la sera con disinvoltura e innovazione per via di influssi di Venere.
7. Meglio non avere comportamenti materni, Nettuno è mal messo.
8. Sarete freddi e di calcolatori, non è da voi ,stamattina Nettuno vi è contrario.
9. Il senso di egocentrismo oggi non mettetelo in mostra.
10. Oggi sarà difficile elaborare due pensieri diversi allo stesso tempo.
11. Nel pomeriggio non avrete un buon fiuto per gli acquisti.
12. Il vostro lato sensibile ed dolce si farà avanti in serata grazie a Plutone.
13. Difendete i vostri diritti, ne vale la pena.
14. In mattinata sarete molto concentrati, ma non ignorate chi vi circonda.
15. Avrete bisogno di libertà, il Sole vi darà conforto.

16	Il tuo fascino misterioso sarà messo in discussione.
17	Una profonda carica di ottimismo vi investirà nel pomeriggio, complice Marte.
18	Sarete un po' introversi stamattina, Urano vi sfavorisce.
19	Avrete tenacia da vendere, specie al mattino presto grazie al Sole.
20	Meglio esprimersi stamattina in maniera misurata e prudente, Marte lo consiglia.
21	Non spendete troppe energie, Marte vi è sfavolevole.
22	Piccoli momenti di introversione caratterizzeranno la sera per colpa di Urano.
23	Oggi sarete inquieti ed instabili a causa di Marte.
24	Avrete in serata alcuni conflitti tra sensibilità e ragione a causa di Urano.
25	Avrete nel pomeriggio le capacità per lavorare duramente, con metodo, e grande attenzione, Plutone vi è favorevole.
26	Per riuscire a preservare il vostro ottimismo oggi dovrete compiere un grande sforzo a causa dell'influenza un po'
27	Le questioni finanziarie oggi non andranno a gonfie vele grazie a Saturno.
28	Oggi sarete molto impazienti, è il caso di rilassarsi!
29	Le questioni finanziarie stamattina andranno a gonfie vele.
30	Marte vi rende carichi di emotività, fate attenzione in serata.
31	Avrete tenacia da vendere, specie al mattino presto grazie a Plutone.

Sagittario : Novembre

1. *La pazienza ed il tatto stasera non saranno il vostro forte a causa di Giove.*
2. *I continui cambiamenti di lavoro vi faranno trovare l'equilibrio.*
3. *Avrete tenacia da vendere, specie nel pomeriggio grazie a Mercurio.*
4. *La vostra sensibilità elevata potrebbe mettervi a rischio stamattina*
5. *Stasera sarete particolarmente sensibili e romantici grazie a Venere.*
6. *Avrete un innato senso del comando grazie a Giove.*
7. *Avrete poche capacità per emergere ed imporvi sugli altri.*
8. *Grazie a Mercurio agirete di slancio per avere più autorità.*
9. *Marte renderà i nati nel vostro segno molto loquaci.*
10. *Piccoli momenti di introversione caratterizzeranno la mattina per colpa di Venere.*
11. *La vostra carica emozionale si manifesterà grazie ad Urano.*
12. *Possederete una carica magnetica insolita, Urano vi ispira.*
13. *Apprezzate troppo i beni materiali, almeno oggi siate meno possessivi.*
14. *La vostra continua ricerca di verità e l'onestà potrebbe non portare ai fini sperati.*
15. *Siate tolleranti e non critici e pignoli, specie in serata.*

16	*Trovare qualcuno che sappia capire le tue esigenze? Forse è il giorno giusto.*
17	*Il vostro lato generoso ed umano si farà avanti grazie al Sole.*
18	*Marte renderà i nati nel vostro segno molto impazienti.*
19	*Grazie a Saturno agirete di slancio per avere più autorità.*
20	*Giove vi renderà impazienti, rilassatevi.*
21	*L'attenzione di un uomo gentile sarà per voi essenziale in mattinata.*
22	*Stasera possederete un forte senso della giustizia.*
23	*Il vostro lato sensibile ed dolce si farà avanti in tarda mattinata grazie a Urano.*
24	*Avrete un elevato senso di responsabilità e di autocontrollo grazie a Nettuno.*
25	*Ci sarà qualcuno che non è daccordo con le vostre opinioni e idee.*
26	*La vostra intelligenza marcata vi renderà molto efficienti grazie a Venere.*
27	*Giove vi darà grandi aiuti per concludere i vostri affari.*
28	*Per riuscire a preservare il vostro ottimismo oggi dovrete compiere un sacrificio a causa dell'influenza un po' avversa*
29	*Il vostro lato sensibile ed dolce si farà avanti grazie al Sole.*
30	*Nei confronti degli altri sarete poco estroversi a causa di Marte.*

Sagittario : Dicembre

1. Vi sentirete un po' spinti alla ribellione ed all'anticonformismo.
2. Non abbiate stasera troppo quell'aria di superiorità, vi danneggia.
3. La vostra carica intuitiva sarà utile sul lavoro.
4. La vostra carica emozionale si manifesterà grazie a Marte.
5. Marte vi darà grandi aiuti per concludere i vostri affari.
6. Possederete una carica magnetica insolita, Giove vi ispira in mattinata.
7. In serata grazie alla Luna sarete dotati di ottima perspicacia.
8. Sarete un po' introversi stasera, Plutone vi sfavorisce.
9. Siete dotati di pensieri ambiziosi, portateli avanti il prima possibile.
10. Stasera avrete un elevato senso di responsabilità e di autocontrollo grazie a Mercurio.
11. Saprete affrontare la sera con disinvoltura e innovazione per via di influssi lunari.
12. In serata grazie a Marte sarete dotati di ottima perspicacia.
13. La fiducia nelle vostre capacità stasera raggiungerà l'apice.
14. Lasciate perdere stasera gli schemi predefiniti, Marte vi stimolerà.
15. Siete alla ricerca di indipendenza, libertà e possibilità di agire in modo autonomo.

16	*Non diminuite la fiducia in voi stessi, una spinta arriva da Giove.*
17	*Avrete le capacità per lavorare duramente, con metodo, e grande attenzione, Marte vi è favorevole.*
18	*In mattinata Urano vi darà inventiva ed originalità da vendere, complimenti.*
19	*Avrete un bisogno di essere rispettati in ambito sociale.*
20	*Piccoli momenti di introversione caratterizzeranno la mattina per colpa di Urano.*
21	*Risolvete i conflitti interiori, vi allontanano dagli altri.*
22	*Possederete una carica magnetica insolita, la Luna vi ispira.*
23	*Le vostre capacità artistiche sono scarse, oggi non applicatevi in materia.*
24	*Mirate al sodo delle cose, Venere vi incoraggia.*
25	*Il tuo fascino misterioso sarà messo in discussione da un parente.*
26	*In mattinata nei confronti degli altri sarete poco estroversi a causa di Giove.*
27	*Attenti stamattina a non rischiare di avere una severità eccessiva in ambito famigliare.*
28	*La Luna stamattina vi renderà un poco distaccati.*
29	*Nei confronti degli altri sarete poco estroversi a causa di Giove.*
30	*In serata sarete molto concentrati, ma non ignorate ciò che vi circonda.*
31	*Non siate troppo rigidi e seriosi se volete farvi apprezzare in campo affettivo.*

Capricorno : Gennaio

1. Potrebbe finalmente arrivare un successo nella vita professionale.
2. Attenti stasera a non rischiare di diventare troppo dominatori in ambito famigliare.
3. In mattinata Urano vi renderà un po' critici.
4. Per realizzare le proprie ambizioni ci vorrà un po' di coraggio.
5. Possederete una carica magnetica insolita, Venere vi ispira.
6. Il vostro lato sensibile ed dolce si farà avanti nel tardo pomeriggio grazie alla Luna.
7. Avete delle sfide da vincere, ma avete Giove sfavorevole.
8. Stamattina avrete un innato senso del comando.
9. Non esprimete troppo il vostro pensiero, oggi meglio stare in silenzio.
10. La vostra prontezza di riflessi oggi non sarà così proverbiale.
11. L'apertura mentale che si possiete sarà notata da un parente.
12. Stamattina avrete un elevato senso di responsabilità e di autocontrollo grazie a Venere.
13. Grazie al Sole agirete di slancio per avere più autorità.
14. Non siate troppo indipendenti, Venere lo sconsiglia.
15. Non siate troppo indipendenti, Saturno lo sconsiglia.

16	Avrete bisogno di libertà, Saturno vi darà conforto.
17	Difenderete tenacemente le vostre convinzioni morali, vi sentite in pericolo.
18	Non spendete troppe energie, la Luna vi è sfavolevole.
19	Gli ostacoli che incontrerete lungo il vostro sentiero non rappresentano per voi un problema, ma una sfida da vincere.
20	Avrete un bisogno di essere rispettati in ambito famigliare.
21	Avrete notevoli energie grazie all'influsso della Luna.
22	Sarete un po' introversi stamattina, Nettuno vi sfavorisce.
23	Non avete voglia di stare con gli altri, Saturno lo evidenzia.
24	Ti stanchi facilmente? Oggi Marte è sfavorevole.
25	Una profonda carica di ottimismo vi investirà stamattina, complice Saturno.
26	Non esagerate con il senso di possesso, Marte vi mettere in cattiva luce.
27	Per riuscire a preservare il vostro ottimismo oggi dovrete compiere uno sforzo.
28	Avrete notevoli energie grazie all'influsso di Plutone.
29	La vostra intelligenza marcata vi renderà molto efficienti grazie a Saturno.
30	Avrete le capacità per lavorare duramente, con metodo, e grande attenzione, Plutone vi è favorevole.
31	Stamattina sarete una persona poco ottimista ed organizzata.

Capricorno : Febbraio

1. L'influenza del Sole vi apporterà grande vitalità.
2. La vostra carica emozionale si manifesterà grazie al Sole.
3. Il vostro lato sensibile ed dolce si farà avanti solo in tarda serata grazie al Sole.
4. Sarete molto concentrati, ma non ignorate ciò che vi circonda.
5. Per riuscire a preservare il vostro ottimismo oggi dovrete compiere uno sforzo a causa dell'influenza un po' avversa del
6. Sarete molto attaccati al passato e all'ambiente familiare, ma per necessità.
7. Avete delle sfide da vincere, ma avete Nettuno sfavorevole.
8. In serata nei confronti degli altri sarete poco estroversi a causa di Urano.
9. Avrete le capacità per lavorare duramente, con metodo, e grande attenzione.
10. Quante discussioni eccessive e puntigliose a causa di questioni di principio, ma a cosa vi servono?
11. Meglio esprimersi stamattina in maniera misurata e prudente, Mercurio lo consiglia.
12. Avrete le capacità per lavorare duramente, con metodo, e grande attenzione, Nettuno vi è favorevole.
13. La Luna stasera vi renderà un poco distaccati.
14. Sarete molto orgogliosi dei vostri successi, il Sole vi darà un aiuto.
15. Combattere tra la determinazione e la rinuncia, stamattina sarà complicato.

16	Il Sole renderà i nati nel vostro segno molto impazienti.
17	Oggi sarete inquieti ed instabili, a tempi alterni a causa di Venere.
18	Nel pomeriggio nei confronti degli altri sarete poco estroversi a causa di Urano.
19	Ti stanchi facilmente? Oggi la Luna è sfavorevole.
20	Saprete affrontare la vita con disinvoltura e innovazione per via di influssi di Nettuno.
21	Il vostro lato sensibile ed dolce si farà avanti in mattinata grazie a Giove.
22	Una profonda carica di ottimismo vi investirà, complice Saturno.
23	Non agite in maniera impulsiva, la Luna lo sconsiglia.
24	Sarete controllati dlla razionalità, in particolar modo al mattino.
25	Cercate di non apparire arroganti, Giove vi è contrario.
26	Nel pomeriggio Saturno vi renderà un po' critici.
27	Procedete con ordine e metodo, Plutone vi disorienterà.
28	Lasciate perdere stamattina gli schemi predefiniti, Urano vi stimolerà.

Capricorno : Marzo

1. Saturno renderà i nati nel vostro segno poco impazienti.
2. Sarete freddi e di calcolatori, non è da voi ,la Luna vi è contraria.
3. Dovrete prendervi cura di un caro amico, ma ne varrà la pena.
4. L'energia e l'aggressività si manifestano in maniera ottimista, è un bene.
5. Amate la casa e la vita comoda, ma oggi Marte vi farà cambiare idea.
6. Meglio esprimersi in maniera misurata e prudente, Marte lo consiglia.
7. Non avete voglia di stare con gli altri, la Luna lo evidenzia.
8. Sarà molto facile oggi pomeriggio raggiungere la felicità grazie all'influsso di Saturno.
9. Sarà abbastanza facile oggi pomeriggio raggiungere la felicità grazie all'influsso di Venere.
10. La vostra determinazione vi porterà ad un insperato successo con l'influsso di Giove.
11. La vostra personalità sarà caratterizzata da un'estrema correttezza.
12. Desiderate vivere in un'atmosfera familiare favorevole, Giove vi favorisce.
13. La Luna renderà i nati nel vostro segno poco intraprendenti.
14. In mattinata non avrete sicuramente il tempo di annoiarvi, Marte vi coinvolgerà.
15. Sarete riluttanti ad abbandonare completamente la vecchia strada.

16	Avete delle sfide da vincere, ma avete Urano sfavorevole.
17	Tenderete ad esprimervi in maniera misurata e prudente, la Luna stamattina vi controlla.
18	Potrebbe finalmente arrivare un successo nella vita professionale grazie a Marte.
19	Avrete sentimenti impulsivi ed impazienti, la giornata sarà molto attiva.
20	La mente oggi sara tendenzialmente irrazionale, ma non preoccupatevi.
21	Avrete alcuni conflitti tra sensibilità e ragione a causa di Marte.
22	Avrete il dominio sulle situazioni, coglietele al volo.
23	Non abbiate troppo quell'aria di superiorità, vi danneggia.
24	Con il desiderio e la tenacia oggi tutto sembrerà più facile specie al pomeriggio.
25	La pazienza ed il tatto oggi non saranno il vostro forte.
26	Giornata caratterizzata da una forte volontà, grazie a Saturno favorevole.
27	Stamattina possederete un forte senso della giustizia grazie a Giove.
28	Saturno questo pomeriggio vi rende poco elastici, lasciate spazio anche agli altri!
29	La Luna renderà i nati nel vostro segno molto impulsivi.
30	Avrete un elevato senso di responsabilità e di autocontrollo grazie al Sole.
31	Nei confronti degli altri sarete poco estroversi a causa di Urano.

Capricorno : Aprile

1. Il vostro spirito viaggiatore potrebbe trovare realizzazione.
2. Nel pomeriggio avrete successo nella sfera domestica.
3. Giove stasera vi renderà poco flessibili, lasciate spazio anche agli altri!
4. Avrete alcuni conflitti tra sensibilità e ragione a causa di Saturno.
5. Avrete un'energia fluttuante, non equilibrata, riposatevi.
6. Avrete un carattere vivace ed attraente grazie al Sole.
7. Sarete freddi e di calcolatori, non è da voi, stamattina la Luna vi è contraria.
8. Non agite stasera in maniera impulsiva, Venere lo sconsiglia.
9. Non agite stasera in maniera impulsiva, Giove lo sconsiglia.
10. Le esperienze vissute influenzeranno poco positivamente la vita presente.
11. Sarete particolarmente creativi, con un sacco di idee, Giove vi stimola.
12. Siete sensibili, stasera la Luna vi renderà vulnerabili negli affari di cuore.
13. Avrete un'ambizione molto elevata e cercherete il successo.
14. Il vostro lato generoso ed umano si farà avanti solo in tarda serata grazie a Mercurio.
15. Tenderete ad esprimervi in maniera misurata e prudente, il Sole vi controlla.

16	Non avete voglia di stare con gli altri, Marte lo evidenzia.
17	Il coraggio e la passionalità oggi saranno il vostro punto forte grazie a Marte.
18	Oggi non siate troppo critici, non ne vale la pena.
19	Troppo aggressività ed impulsività non porterà buoni frutti, Marte non vi aiuta.
20	Per riuscire a preservare il vostro ottimismo oggi dovrete compiere un grande sforzo a causa dell'influenza un po'
21	In mattinata Giove vi darà inventiva ed originalità da vendere, complimenti.
22	La Luna vi rende carichi di emotività, fate attenzione.
23	Avrete notevoli energie grazie all'influsso di Venere.
24	Avrete un fascino un po' particolare grazie al Sole.
25	Attenti a non rischiare di avere una severità eccessiva in ambito sociale.
26	La vostra voglia di libertà sarà messa a dura prova a causa della Luna.
27	Oggi sicuramente raggiungerete una buona posizione professionale e materiale.
28	Sarete un po' introversi stasera, il Sole vi sfavorisce.
29	Marte renderà i nati nel vostro segno poco audaci.
30	Avrete capacità di accumulare denaro sia per voi che per gli altri.

Capricorno : Maggio

1. *Impiegate in maniera efficiente le vostre energie, non disperdetele.*
2. *Stasera avrete un'intelligenza sensibile, immaginativa.*
3. *Sarete un po' introversi nel pomeriggio, la Luna vi sfavorisce.*
4. *Avrete un'incredibile attrazione per la casa e la famiglia per via di Mercurio.*
5. *Stasera avrete nuovi temi di osservazione e di meditazione grazie ad influssi di Venere.*
6. *Ti stanchi facilmente? Stamattina Nettuno è sfavorevole.*
7. *Avrete il dominio sulle situazioni, coglietele al volo, Urano è con voi.*
8. *Cercate amici non comuni, ma prudenti a non esagere.*
9. *Il vostro lato sensibile ed dolce si farà avanti in mattinata grazie al Sole.*
10. *Procedete con ordine e metodo, la Luna vi disorienterà.*
11. *Avrete alcuni conflitti tra sensibilità e ragione a causa di Nettuno.*
12. *Il vostro lato sensibile ed dolce si farà avanti in mattinata grazie a Urano.*
13. *Possederete una carica magnetica insolita, Venere vi ispira in serata.*
14. *Attenti stamattina a non rischiare di avere una severità eccessiva in ambito lavorativo.*
15. *Una profonda carica di ottimismo vi investirà in serata, complice Marte.*

16	Siate più aperti a nuove vedute, ci saranno sorprese grazie a Venere.
17	I vostri scopi ideali o nobili saranno apprezzati da un collega.
18	Il vostro lato sensibile ed dolce si farà avanti solo in tarda serata grazie a Giove.
19	Sarete un po' introversi, Venere vi sfavorisce.
20	Stasera avrete un elevato senso di responsabilità e di autocontrollo grazie al Sole.
21	Ti stanchi facilmente? Stamattina Urano è sfavorevole.
22	La Luna vi rende carichi di emotività, fate attenzione in serata.
23	Cercate di migliorare la vostra posizione, sia nella vita che sul lavoro, ne vale la pena.
24	Stamattina avrete un elevato senso di responsabilità e di autocontrollo grazie a Giove.
25	In serata Marte vi darà inventiva ed originalità da vendere, complimenti.
26	La fortuna oggi sarà dalla vostra parte grazie a Giove.
27	Siate tolleranti e non critici e pignoli, specie nel pomeriggio.
28	Sarete tesi a risolvere i problemi pratici con tempismo e prontezza.
29	Vivrete molto intensamente i vostri sentimenti, ve lo meritate.
30	Il vostro lato generoso ed umano si farà avanti nel tardo pomeriggio.
31	La vostra sensibilità elevata potrebbe mettervi a rischio stasera a causa di un amico.

Capricorno : Giugno

1. Stasera avrete un innato senso del comando grazie alla Luna.
2. Non ammettete sospetti o difetti, ma siate più comprensivi.
3. Nel pomeriggio avrete un buon fiuto per gli affari.
4. La vostra carica emozionale si manifesterà grazie a Mercurio.
5. Necessitate di molta più costanza ed applicazione per raggiungere le vostre mete.
6. Tenderete ad esprimervi in maniera misurata e prudente, Mercurio stamattina vi controlla.
7. Dovete saper rispettare il tuo bisogno di libertà degli altri.
8. Piccoli momenti di introversione caratterizzeranno la sera per colpa di Mercurio.
9. Avrete un buon senso degli affari.
10. Sarete un po' introversi nel pomeriggio, Urano vi sfavorisce.
11. Attenti a non rischiare di diventare troppo dominatori in ambito lavorativo.
12. Una profonda carica di ottimismo vi investirà nel pomeriggio, complice Giove.
13. La vostra sensibilità elevata potrebbe mettervi a rischio stamattina
14. Non avete voglia di stare con gli altri, Mercurio lo evidenzia.
15. Saprete affrontare la vita con disinvoltura e innovazione per via di influssi di Urano.

16	La pazienza ed il tatto oggi non saranno il vostro forte a causa della Luna.
17	Impiegate in maniera molto più efficiente le vostre energie, non disperdetele.
18	Giove renderà i nati nel vostro segno molto audaci.
19	Usate maniere scostanti e difficili da capire da chi vi circonda.
20	Sarete poco vivaci e ciò vi farà assimilare molto lentamente delle nozioni.
21	Stamattina avrete un innato senso del comando grazie alla Luna.
22	Stamattina avrete nuovi temi di osservazione e di meditazione grazie ad influssi di Urano.
23	Avrete inventiva ed originalità da vendere, complimenti.
24	Lasciate perdere stasera gli schemi predefiniti, Nettuno vi stimolerà.
25	Sarete favorevolmente aperti verso gli altri, è tempo di conoscenze.
26	Amate la casa e la vita comoda, ma oggi Giove vi farà cambiare idea.
27	Saturno vi renderà in mattinata ricchi di idee, mettetele a frutto.
28	Avrete tenacia da vendere, specie in serata grazie alla Luna.
29	Piccoli momenti di introversione caratterizzeranno la giornata per colpa di Saturno.
30	Sarete molto orgogliosi dei vostri successi, la Luna vi darà un aiuto.

Capricorno : Luglio

1	Sarete un po' introversi nel pomeriggio, Saturno vi sfavorisce.
2	Lasciate perdere gli schemi predefiniti, Mercurio vi stimolerà.
3	Qualcosa stamane stimolerà parecchio la tua curiosità.
4	Ti stanchi facilmente? Oggi il Sole è sfavorevole.
5	Le emozioni forti e situazioni impegnative saranno il vostro pane quotidiano.
6	Avrete tenacia da vendere, specie al mattino presto grazie a Marte.
7	La vostra ambizione ed efficienza promette successi sul lavoro.
8	Il vostro lato sensibile ed dolce si farà avanti in serata grazie a Mercurio.
9	Non lasciatevi intimorire da un parente specie in mattinata.
10	Una profonda carica di ottimismo vi investirà, complice Venere.
11	Sarete favorevolmente aperti verso gli altri, è tempo di amicizie.
12	Oggi sarete inquieti ed instabili a causa della Luna.
13	Avete delle sfide da vincere, ma avete il Sole dalla vostra parte.
14	Urano oggi vi renderà un poco distaccati.
15	Mercurio vi darà grandi aiuti per concludere i vostri affari.

16	Possederete una carica magnetica insolita, Marte vi ispira in serata.
17	Bisogna cercare di essere un po' più tolleranti, specie verso un'amica.
18	Avrete bisogno di libertà, Mercurio vi darà conforto.
19	Il vostro lato sensibile ed dolce si farà avanti in mattinata grazie a Venere.
20	Marte renderà i nati nel vostro segno poco loquaci.
21	Giornata da vivere in modo romantico e un po' capriccioso.
22	Grazie a Saturno in mattinata sarete pieni di ambizione ed energia, approfittatene.
23	Siete sensibili, oggi Venere vi renderà vulnerabili negli affari di cuore.
24	Avete delle sfide da vincere, ma avete Saturno sfavorevole.
25	Dovreste limitare l'attaccamento ai beni materiali e alle forme di possesso.
26	Sarete un po' introversi, Saturno vi sfavorisce.
27	Non agite stasera in maniera impulsiva, Nettuno lo sconsiglia.
28	Giove questo pomeriggio vi rende poco elastici, lasciate spazio anche agli altri!
29	Siete sensibili, stasera il Sole vi renderà vulnerabili negli affari di cuore.
30	Sarete freddi e di calcolatori, non è da voi, Giove vi è contrario.
31	Stamattina avrete un elevato senso di responsabilità e di autocontrollo grazie a Urano.

Capricorno : Agosto

1. *Il vostro lato sensibile ed dolce si farà avanti nel pomeriggio grazie al Sole.*
2. *In mattinata sarete molto concentrati, ma non ignorate ciò che vi circonda.*
3. *Grazie a Marte sarete pieni di ambizione ed energia in serata, approfittatene.*
4. *Giove vi renderà molto concreti, potrete realizzare i vostri piani.*
5. *Oggi sarete dinamici e passivi, a tempi alterni a causa di Mercurio.*
6. *Avete delle sfide da vincere, ma avete Saturno dalla vostra parte.*
7. *Sarete spinti da una grande carica di ottimismo specie al mattino, la Luna è ok.*
8. *Siate più aperti a nuove vedute, ci saranno sorprese grazie a Saturno.*
9. *Il vostro lato sensibile ed dolce si farà avanti in serata.*
10. *Non esagerate con il senso di possesso, vi metterebbe in cattiva luce.*
11. *Avrete tenacia da vendere, specie nel pomeriggio grazie a Plutone.*
12. *La Luna vi renderà in serata ricchi di idee, mettetele a frutto.*
13. *Siate più aperti a nuove vedute, ci saranno sorprese in mattinata grazie a Venere.*
14. *Piccoli momenti di introversione caratterizzeranno la giornata per colpa del Sole.*
15. *Mercurio renderà i nati nel vostro segno molto impulsivi.*

16	Avrete tenacia da vendere, specie al mattino presto grazie a Giove.
17	Il vostro lato sensibile ed dolce si farà avanti nel tardo pomeriggio grazie a Giove.
18	Il vostro lato sensibile ed dolce si farà avanti in tarda mattinata grazie a Mercurio.
19	Giove vi rende carichi di emotività, fate attenzione.
20	Saprete affrontare la mattina con disinvoltura e innovazione per via di influssi di Saturno.
21	Non agite stasera in maniera impulsiva, il Sole lo sconsiglia.
22	Oggi sarete dinamici e passivi a causa di Mercurio.
23	Meglio adottare metodi e punti di vista comuni, specie sul lavoro.
24	Avrete nuovi temi di osservazione e di meditazione grazie ad influssi del Sole.
25	Per riuscire a preservare il vostro ottimismo oggi dovrete compiere un sacrificio a causa dell'influenza un po' avversa di
26	Tenderete ad esprimervi in maniera misurata e prudente, Marte stasera vi controlla.
27	Nel pomeriggio non avrete un buon fiuto per gli affari.
28	Sarete attratti da una persona forte ed energica, piena di capacità.
29	Sarete un po' introversi, il Sole vi sfavorisce.
30	Cercate di non apparire arroganti, la Luna vi è contraria.
31	Nel pomeriggio Mercurio vi renderà un po' critici.

Capricorno : Settembre

1. Il Sole vi renderà molto concreti, potrete realizzare i vostri piani.
2. Oggi sarete dinamici e passivi, a tempi alterni a causa di Venere.
3. Marte vi renderà in mattinata ricchi di idee, mettetele a frutto.
4. Mercurio renderà i nati nel vostro segno poco intraprendenti.
5. Attenti a non rischiare di avere una severità eccessiva in ambito lavorativo.
6. In mattinata grazie ad Urano sarete dotati di ottima perspicacia.
7. Attenti a non rischiare di diventare troppo dominatori in ambito famigliare.
8. In serata grazie ad Urano sarete dotati di ottima perspicacia.
9. Sarete molto responsabili e saranno presenti buone capacità decisionali.
10. Non diminuite la fiducia nelle vostre capacità, una spinta arriva da Nettuno.
11. Sarete molto influenzati in serata nella sfera emotiva da un parente.
12. Sarete spinti da una grande carica di ottimismo specie al pomeriggio, il Sole è ok.
13. La vostra carica emozionale si manifesterà grazie alla Luna.
14. Desiderate vivere in un'atmosfera familiare favorevole, la Luna vi favorisce.
15. Potrebbe finalmente arrivare un successo nella vita professionale grazie a Giove.

16	Sarà molto facile stasera raggiungere la felicità grazie all'influsso della Luna.
17	Il vostro lato sensibile ed dolce si farà avanti in tarda mattinata.
18	Sarete attratti in serata verso compiti impegnativi e difficili.
19	Lasciate perdere stasera gli schemi predefiniti, Saturno vi stimolerà.
20	Avrete in serata alcuni conflitti tra sensibilità e ragione a causa della Luna.
21	Non sempre porterete a termine ciò che si era intrapreso.
22	Dovrete prestare attenzione ad evitare approcci troppo generali e superficiali nei confronti delle persone.
23	Non agite in maniera impulsiva, Giove lo sconsiglia.
24	Nel pomeriggio sarete molto concentrati, ma non ignorate ciò che vi circonda.
25	Saprete affrontare la vita con disinvoltura e innovazione.
26	Avrete le capacità per lavorare duramente, con metodo, e grande attenzione, Saturno vi è favorevole.
27	La vostra voglia di libertà sarà messa a dura prova.
28	Saprete affrontare la sera con disinvoltura e innovazione per via di influssi di Saturno.
29	Mercurio renderà i nati nel vostro segno poco loquaci.
30	Siete molto responsabili e sono presenti buone capacità decisionali, sfruttatele.

Capricorno : Ottobre

1. Avrete notevoli energie grazie all'influsso di Urano.
2. Non siate troppo organizzati e metodici se volete farvi apprezzare in campo affettivo.
3. Non diminuite la fiducia nelle vostre capacità, una spinta arriva da Mercurio.
4. Nettuno questo pomeriggio vi rende poco elastici, lasciate spazio anche agli altri!
5. Per riuscire a preservare il vostro ottimismo oggi dovrete compiere un sacrificio a causa dell'influenza un po' avversa
6. Avrete in mattinata alcuni conflitti tra sensibilità e ragione a causa di Giove.
7. Avrete in mattinata alcuni conflitti tra sensibilità e ragione a causa di Mercurio.
8. Avrete nuovi temi di osservazione e di meditazione.
9. Vi sentite instancabili, Plutone vi aiuta.
10. Avrete bisogno di libertà, Nettuno vi darà conforto.
11. Avrete un'intelligenza sensibile, immaginativa.
12. Sarete molto sicuri di voi, rendetevene conto.
13. Sarete ammirati ed elogiati per il vostro carattere.
14. Il vostro lato sensibile ed dolce si farà avanti nel pomeriggio grazie a Giove.
15. Nel pomeriggio nei confronti degli altri sarete poco estroversi a causa di Giove.

16	Sarete un po' introversi stamattina, Venere vi sfavorisce.
17	Sarete influenzati dal pianeta dell'amore e dei sentimenti.
18	In mattinata avrete successo nella sfera domestica.
19	Non avete voglia di stare con gli altri, Plutone lo evidenzia.
20	Sarete freddi e di calcolatori, non è da voi, Urano vi è contrario.
21	Sarete dotati di fine intuizione, ma apparirete un po' eccentrici.
22	Tenderete ad esprimervi in maniera misurata e prudente, Marte vi controlla.
23	Lasciate perdere stasera gli schemi predefiniti, Urano vi stimolerà.
24	Avere un grande spirito osservativo non sempre dà buoni risultati.
25	Nel pomeriggio nei confronti degli altri sarete molto estroversi grazie a Venere.
26	Sarete pieni di ambizione ed energia, approfittatene.
27	Una profonda carica di ottimismo vi investirà in serata, complice la Luna.
28	Saprete affrontare la sera con disinvoltura e innovazione.
29	La vostra ambizione e volontà di arrivare sarà notata.
30	Non agite in maniera impulsiva, Venere lo sconsiglia.
31	Lasciate perdere stamattina gli schemi predefiniti, la Luna vi stimolerà.

Capricorno : Novembre

1	*Possederete una carica magnetica insolita, il Sole vi ispira in mattinata.*
2	*Sarete molto vicini alla famiglia, oggi ne sentite il bisogno.*
3	*In mattinata non avrete successo nella sfera famigliare.*
4	*Il vostro lato sensibile ed dolce si farà avanti nel tardo pomeriggio grazie a Venere.*
5	*Il vostro lato sensibile ed dolce si farà avanti nel pomeriggio.*
6	*Siete romantici e sensibili, qualcuno ne approfitterà per prevaricare.*
7	*La vostra sensibilità elevata potrebbe mettervi a rischio a causa di un parente.*
8	*Il vostro lato sensibile ed dolce si farà avanti.*
9	*Il vostro lato sensibile ed dolce si farà avanti in mattinata grazie a Nettuno.*
10	*Un comportamento grossolano oggi stasera potrebbe ferire chi vi sta accanto.*
11	*Marte renderà i nati nel vostro segno poco impulsivi.*
12	*Se esercitate in campo artistico oggi potrebbe essere il vostro buon giorno.*
13	*Avrete il dominio sulle situazioni, coglietele al volo, Saturno è con voi.*
14	*Giove vi renderà ricchi di idee, mettetele a frutto.*
15	*Per riuscire a preservare il vostro ottimismo oggi dovrete compiere un sacrificio a causa dell'influenza un po' avversa*

16	*Stamattina avrete un elevato senso di responsabilità e di autocontrollo grazie a Saturno.*
17	*Se non coltivate interessi intellettuali è il caso di provvedere.*
18	*Sarete freddi e di calcolatori, non è da voi, Saturno vi è contrario.*
19	*Avrete il dominio sulle situazioni, coglietele al volo, la Luna è con voi.*
20	*Nel pomeriggio grazie a Saturno sarete dotati di ottima perspicacia.*
21	*Sarete spinti da una grande carica di ottimismo specie al pomeriggio, Giove è ok.*
22	*Sarà molto facile stasera raggiungere la felicità grazie all'influsso di Giove.*
23	*Qualcosa o qualcuno potrà farvi scoraggiare nel perseguire un obiettivo.*
24	*La vostra carica emozionale si manifesterà grazie a Nettuno.*
25	*Avrete in mattinata alcuni conflitti tra sensibilità e ragione a causa di Plutone.*
26	*In mattinata sarete caratterizzati da un'intelligenza molto critica.*
27	*Avrete stamattina le capacità per lavorare duramente, con metodo, e grande attenzione, Plutone vi è favorevole.*
28	*Avrete tenacia da vendere, specie nel pomeriggio grazie a Marte.*
29	*La fiducia nelle vostre capacità oggi vacillerà un po'.*
30	*I sentimenti inconsci vi ispireranno piacevoli ricordi grazie all'influsso di Saturno.*

Capricorno : Dicembre

1. Avrete alcuni conflitti tra sensibilità e ragione a causa di Urano.
2. Il vostro lato generoso ed umano si farà avanti solo in tarda serata grazie a Plutone.
3. Oggi sarete inquieti ed instabili, a tempi alterni a causa della Luna.
4. Non diminuite la fiducia nelle vostre capacità, una spinta arriva da Venere.
5. Giove renderà i nati nel vostro segno poco loquaci.
6. La vostra ambizione ed efficienza promette successi in amore grazie a Saturno.
7. Per realizzare le proprie ambizioni ci vorrà coraggio.
8. Lasciate perdere stasera gli schemi predefiniti, il Sole vi stimolerà.
9. Il vostro lato sensibile ed dolce si farà avanti in serata grazie alla Luna.
10. Giove vi rende carichi di emotività, fate attenzione nel pomeriggio.
11. In mattinata la Luna vi darà inventiva ed originalità da vendere, complimenti.
12. Avrete tenacia da vendere, specie al mattino presto grazie alla Luna.
13. Stamattina mirate al sodo delle cose, Mercurio vi incoraggia.
14. Siate più aperti a nuove vedute, ci saranno sorprese grazie al Sole.
15. Siate riservati stamattina, meglio sembrare distaccati.

16	Il vostro lato sensibile ed dolce si farà avanti solo in tarda serata grazie alla Luna.
17	In mattinata grazie al Sole sarete dotati di ottima perspicacia.
18	Il vostro senso di ribellione si vorrà manifestare, ma prudenza.
19	La Luna renderà i nati nel vostro segno poco audaci.
20	Per riuscire a preservare il vostro ottimismo oggi dovrete compiere un sacrificio a causa dell'influenza un po' avversa di
21	Avrete un innato senso del comando grazie a Urano.
22	Avrete bisogno di libertà, la Luna vi darà conforto.
23	Avete bisogno di qualcuno che si prenda cura di voi.
24	In giornata Saturno vi darà inventiva ed originalità da vendere, complimenti.
25	Sarà abbastanza facile oggi pomeriggio raggiungere la felicità grazie all'influsso di Mercurio.
26	Sarete molto influenzati in mattinata nella sfera emotiva da un parente.
27	Avete delle sfide da vincere, ma avete la Luna sfavorevole.
28	L'energia e l'aggressività si manifestano in maniera coinvolgente, è un bene.
29	Il vostro lato sensibile ed dolce si farà avanti grazie a Mercurio.
30	Meglio non avere comportamenti materni, Marte è mal messo.
31	Avrete in mattinata alcuni conflitti tra sensibilità e ragione a causa di Nettuno.

Acquario : Gennaio

1. *Il vostro carattere sensibile rischierà di essere ferito da un parente.*
2. *Sarà molto facile oggi pomeriggio raggiungere la felicità grazie all'influsso di Saturno.*
3. *I sentimenti inconsci vi ispireranno piacevoli ricordi grazie all'influsso di Mercurio.*
4. *Possederete una carica magnetica insolita, il Sole vi ispira in serata.*
5. *Oggi tenderete troppo alle discussioni, non fatevi nemici.*
6. *Non agite stasera in maniera impulsiva, Urano lo sconsiglia.*
7. *Grazie a Giove sarete pieni di ambizione ed energia in serata, approfittatene.*
8. *Siate tolleranti verso altre forme di pensiero.*
9. *La fiducia nelle vostre capacità stamane raggiungerà l'apice.*
10. *La Luna renderà i nati nel vostro segno molto audaci.*
11. *Mercurio renderà i nati nel vostro segno molto loquaci.*
12. *Il vostro lato generoso ed umano si farà avanti in mattinata grazie a Marte.*
13. *Attenti a non ricercare troppo il bisogno di conferme, Saturno vi è nocivo.*
14. *In serata nei confronti degli altri sarete poco estroversi a causa della Luna.*
15. *La vostra ricerca gli affetti e un rapporto di coppia sicuro sarà forse coronato.*

16	Vivrete in maniera interiore molto emotiva, Marte vi occhieggia.
17	Nel pomeriggio sarete caratterizzati da un'intelligenza critica.
18	Un'avventura romantica o passionale è alle porte, lasciatevi andare.
19	Stasera sarà difficile elaborare due pensieri diversi allo stesso tempo.
20	Avrete tenacia da vendere, specie al mattino grazie a Saturno.
21	Per riuscire a preservare il vostro ottimismo oggi dovrete compiere un sacrificio a causa dell'influenza un po' avversa di
22	La Luna vi renderà in mattinata ricchi di idee, mettetele a frutto.
23	La vostra ambizione ed efficienza promette successi sul lavoro grazie al Sole.
24	Sarà abbastanza facile oggi raggiungere la felicità grazie all'influsso di Marte.
25	L'ambiente di lavoro oggi sarà poco gradevole.
26	Non avrete un particolare intuito in serata.
27	Saprete affrontare la sera con disinvoltura e innovazione per via di influssi solari.
28	Lasciate perdere gli schemi predefiniti, Saturno vi stimolerà.
29	Stasera avrete nuovi temi di osservazione e di meditazione grazie ad influssi di Giove.
30	Saprete affrontare la sera con disinvoltura e innovazione per via di influssi di Nettuno.
31	Marte vi rende carichi di emotività, fate attenzione in mattinata.

Acquario : Febbraio

1. *La vostra determinazione vi porterà ad un insperato successo con l'influsso del Sole.*
2. *Il vostro lato generoso ed umano si farà avanti in serata grazie a Venere.*
3. *Il vostro lato generoso ed umano si farà avanti in serata grazie al Sole.*
4. *Avrete nuovi temi di osservazione e di meditazione grazie ad influssi di Nettuno.*
5. *Saprete acquisire un'opinione lentamente, che difficilmente muterà.*
6. *Sarete particolarmente creativi, con un sacco di idee, Saturno vi stimola.*
7. *Stamattina avrete un'intelligenza sensibile, immaginativa.*
8. *Avrete un'incredibile attrazione per la casa e la famiglia per via di Giove.*
9. *Le questioni finanziarie oggi non andranno a gonfie vele grazie a Marte.*
10. *Una profonda carica di ottimismo vi investirà in serata, complice Saturno.*
11. *Stamattina mirate al sodo delle cose, Marte vi incoraggia.*
12. *Vi sentite instancabili, Marte vi aiuta.*
13. *Il vostro lato generoso ed umano si farà avanti in mattinata grazie a Venere.*
14. *Sarete consapevoli che esistono inevitabilmente degli obblighi che vanno rispettati.*
15. *Tenderete ad esprimervi in maniera misurata e prudente, Nettuno vi controlla.*

16	*Impiegate in maniera più efficiente le vostre energie, non disperdetele.*
17	*Grazie al Sole in mattinata sarete pieni di ambizione ed energia, approfittatene.*
18	*Possederete una carica magnetica insolita, Urano vi ispira in serata.*
19	*La Luna renderà i nati nel vostro segno poco impulsivi.*
20	*Oggi finalmente saprete mostrare il meglio di voi stessi.*
21	*Mattina ottima per le relazioni interpersonali, buona fortuna.*
22	*Stasera avrete un elevato senso di responsabilità e di autocontrollo grazie a Venere.*
23	*Avrete un bisogno di esercitare un certo dominio.*
24	*Avrete opinioni personali che saranno mutevoli e facilmente influenzabili.*
25	*Sarete molto influenzati nella sfera emotiva da un parente.*
26	*La vostra ambizione ed efficienza promette successi in affari grazie a Marte.*
27	*Il vostro lato generoso ed umano si farà avanti in mattinata grazie alla Luna.*
28	*Il vostro lato generoso ed umano si farà avanti nel pomeriggio.*

Acquario : Marzo

1	State attenti che la vostra generosità e simpatia non vengono sfruttate.
2	Diverrete favorevolmente aperti verso gli altri, è tempo di conoscenze.
3	Il vostro lato sensibile ed dolce si farà avanti nel pomeriggio grazie a Plutone.
4	Marte vi rende carichi di emotività, fate attenzione.
5	Stasera avrete nuovi temi di osservazione e di meditazione grazie ad influssi della Luna.
6	Il vostro lato sensibile ed dolce si farà avanti solo in tarda serata grazie a Nettuno.
7	Avrete una potenziale aggressività, non mettetela in atto.
8	Sarete spinti da una grande carica di ottimismo specie alla sera, Giove è ok.
9	Stasera possederete un forte senso della giustizia grazie al Sole.
10	In serata la vostra perspicacia oggi avrà ottimi effetti.
11	Non lasciatevi intimorire da un imprevisto specie in mattinata.
12	In mattinata nei confronti degli altri sarete poco estroversi a causa di Urano.
13	Le situazioni ambigue non fanno per voi, prudenza in serata.
14	Agite con tatto e giudiziosità altrimenti combinerete un bel guaio.
15	Dovete riuscire ad esercitare una sorta di autodisciplina.

16	Le questioni finanziarie oggi andranno a gonfie vele grazie a Saturno.
17	Siate più aperti a nuove vedute, ci saranno sorprese in mattinata grazie alla Luna.
18	Potrebbe finalmente arrivare un successo nella vita professionale grazie ad Urano.
19	Avrete tenacia da vendere, specie nel pomeriggio.
20	Per realizzare le proprie ambizioni ci vorrà molto coraggio.
21	Potrebbe finalmente arrivare un successo nella vita professionale grazie a Saturno.
22	Anche se non amate il senso dell'avventura oggi è il caso di rischiare.
23	Avrete in serata alcuni conflitti tra sensibilità e ragione a causa di Saturno.
24	La vita amorosa sarà ricca di esperienze, amate le novità ed i cambiamenti.
25	Saturno vi rende carichi di emotività, fate attenzione in mattinata.
26	Sarà molto facile oggi raggiungere la felicità grazie all'influsso di Venere.
27	In mattinata non avrete un buon fiuto per gli acquisti.
28	La vostra sensibilità elevata potrebbe mettervi a rischio stasera.
29	In serata sarete caratterizzati da un'intelligenza molto critica.
30	Il vostro lato sensibile ed dolce si farà avanti grazie a Plutone.
31	Il Sole renderà i nati nel vostro segno molto loquaci.

Acquario : Aprile

1. Sarete molto coscienziosi in tutto ciò che decidete intraprendere.
2. Non agite stamattina in maniera impulsiva, Plutone lo sconsiglia.
3. Una profonda carica di ottimismo vi investirà in serata, complice Giove.
4. Qualcuno stamane stimolerà parecchio la tua curiosità.
5. L'influenza di Saturno vi apporterà grande vitalità.
6. La Luna stasera vi renderà poco flessibili, lasciate spazio anche agli altri!
7. Saturno vi renderà ricchi di idee, mettetele a frutto.
8. Siete troppo orgogliosi, datevi una calmata.
9. Grazie al Sole sarete pieni di ambizione ed energia in serata, approfittatene.
10. Non agite stasera in maniera impulsiva, la Luna lo sconsiglia.
11. Il vostro lato generoso ed umano si farà avanti in tarda mattinata.
12. Il vostro spirito di intraprendenza stamattina sarà esaltato grazie a Marte.
13. La vostra ambizione ed efficienza promette successi in affari grazie a Saturno.
14. Non agite stamattina in maniera impulsiva, il Sole lo sconsiglia.
15. Per riuscire a preservare il vostro ottimismo oggi dovrete compiere un sacrificio a causa dell'influenza un po' avversa di

16	Sarete orgogliosi dei vostri successi, il Sole vi darà un aiuto.
17	Il Sole renderà i nati nel vostro segno molto impulsivi.
18	Il vostro lato generoso ed umano si farà avanti.
19	L'apertura mentale che si possiete sarà notata da un collega.
20	State pensando troppo alla vostra persona, pensate anche agli altri!
21	Stamattina avrete un elevato senso di responsabilità e di autocontrollo grazie al Sole.
22	Piccoli momenti di introversione caratterizzeranno la giornata per colpa di Venere.
23	In serata nei confronti degli altri sarete poco estroversi a causa di Marte.
24	Stamattina sarete timidi ed indecisi, ma è passeggero, piccolo influsso di Venere.
25	Piccoli momenti di introversione caratterizzeranno la sera per colpa del Sole.
26	Sarete freddi e di calcolatori, non è da voi ,Nettuno vi è contrario.
27	Per riuscire a preservare il vostro ottimismo oggi dovrete compiere un sacrificio a causa dell'influenza un po' avversa di
28	Il vostro lato generoso ed umano si farà avanti nel tardo pomeriggio grazie a Mercurio.
29	Se non coltivate interessi sportivi è il caso di provvedere.
30	Marte vi renderà impazienti, rilassatevi.

Acquario : Maggio

1. Avrete le capacità per lavorare duramente, con metodo, e grande attenzione, Mercurio vi è favorevole.
2. Per riuscire a preservare il vostro ottimismo oggi dovrete compiere uno sforzo a causa dell'influenza un po' avversa di
3. Sarete orgogliosi dei vostri successi, la Luna vi darà un aiuto.
4. In mattinata nei confronti degli altri sarete poco estroversi.
5. Sarete un po' introversi, Marte vi sfavorisce.
6. Avrete un carattere vivace ed attraente.
7. Il vostro carattere sensibile rischierà di essere ferito da una amica.
8. Per riuscire a preservare il vostro ottimismo oggi dovrete compiere un sacrificio.
9. Avrete tenacia da vendere, specie in serata grazie a Nettuno.
10. Avrete stamattina le capacità per lavorare duramente, con metodo, e grande attenzione, Saturno vi è favorevole.
11. Avrete un bisogno di essere riconosciuti in ambito lavorativo.
12. In serata nei confronti degli altri sarete poco estroversi a causa di Nettuno.
13. La certezza di stabilità oggi non cercatela, sarà introvabile.
14. Per riuscire a preservare il vostro ottimismo oggi dovrete compiere uno sforzo a causa dell'influenza un po' avversa di
15. Le questioni finanziarie stamattina non andranno a gonfie vele grazie al Sole.

16	Marte vi rende carichi di emotività, fate attenzione nel pomeriggio.
17	La fiducia in voi stessi oggi raggiungerà l'apice.
18	Il vostro lato generoso ed umano si farà avanti nel pomeriggio grazie a Venere.
19	Non siate riservati, sembrate distaccati.
20	Lasciate perdere stamattina gli schemi predefiniti, Venere vi stimolerà.
21	Giove renderà i nati nel vostro segno molto intraprendenti.
22	Siate più aperti a nuove vedute, ci saranno sorprese in serata.
23	Marte stamattina vi renderà un poco distaccati.
24	Avrete il dominio sulle situazioni, coglietele al volo, Nettuno è con voi.
25	Le questioni finanziarie oggi andranno a gonfie vele.
26	Avrete in mattinata alcuni conflitti tra sensibilità e ragione a causa della Luna.
27	Mercurio renderà i nati nel vostro segno molto audaci.
28	Il vostro lato generoso ed umano si farà avanti in mattinata.
29	Stasera sarete una persona ottimista e ben organizzata.
30	La vostra intelligenza marcata vi renderà molto efficienti grazie a Plutone.
31	Sarà il caso che impariate a conoscere i vostri desideri e necessità.

Acquario : Giugno

1. In serata la Luna vi darà inventiva ed originalità da vendere, complimenti.
2. Qualcosa stamane stimolerà parecchio il tuo interesse.
3. Vi trovate ad essere incostanti, ve lo diranno in tanti.
4. Sarete pieni di iniziative, specie al mattino.
5. Sarete gentili e generosi, Saturno è dalla vostra parte.
6. In mattinata Marte vi renderà un po' critici.
7. Stamattina avrete nuovi temi di osservazione e di meditazione grazie ad influssi di Giove.
8. Quante discussioni eccessive e puntigliose, ma a cosa vi servono?
9. Avrete nel pomeriggio le capacità per lavorare duramente, con metodo, e grande attenzione, il Sole vi è favorevole.
10. Una profonda carica di ottimismo vi investirà, complice Giove.
11. Vivrete in maniera interiore molto emotiva, Venere vi occhieggia.
12. Sarete ammirati ed elogiati per il vostro aiuto.
13. Troppo aggressività ed impulsività non porterà buoni frutti.
14. La vostra carica emozionale si manifesterà grazie a Saturno.
15. Non siate troppo indipendenti, Urano lo sconsiglia.

16	Sarete particolarmente creativi, con un sacco di idee.
17	Desiderate vivere in un'atmosfera familiare favorevole, Nettuno vi favorisce.
18	Urano vi farà agire senza tatto e giudiziosità, combinerete un bel guaio.
19	Uno stato d'animo aggressivo in mattinata vi farà compiere un piccolo errore.
20	Sarete spinti da una grande carica di ottimismo specie alla sera.
21	Nei rapporti con il prossimo sarete capaci di mostrare il meglio di voi.
22	Avrete un bisogno di esercitare un certo dominio in ambito lavorativo.
23	Sarà facile oggi raggiungere la felicità grazie all'influsso del Sole.
24	Nettuno vi farà agire senza tatto e giudiziosità, combinerete un bel guaio.
25	Oggi possederete un forte senso della giustizia grazie a Marte.
26	Siete combattivi, ma non siate impulsivi.
27	Il senso dell'avventura vi farà passare una giornata frenetica.
28	Avrete tenacia da vendere, specie al mattino grazie ad Urano.
29	Stasera avrete un elevato senso di responsabilità e di autocontrollo grazie a Urano.
30	Marte vi renderà troppo orgogliosi, datevi una calmata.

Acquario : Luglio

1. Avrete un innato senso del comando grazie a Saturno.
2. Avrete in mattinata alcuni conflitti tra sensibilità e ragione a causa di Marte.
3. Sarete particolarmente creativi, con un sacco di idee, Mercurio vi stimola.
4. Il vostro lato sensibile ed dolce si farà avanti in mattinata grazie a Plutone.
5. Venere vi rende carichi di emotività, fate attenzione in mattinata.
6. Attenti stamattina a non rischiare di diventare troppo dominatori in ambito famigliare.
7. Giove vi rende carichi di emotività, fate attenzione in serata.
8. Tenderete ad esprimervi in maniera misurata e prudente, Urano stamattina vi controlla.
9. Saprete affrontare la mattina con disinvoltura e innovazione per via di influssi di Plutone.
10. L'apertura mentale che si possiete sarà notata da una amica.
11. Sarete incoraggiati e stimolati nei momenti di difficoltà.
12. Lasciate perdere stasera gli schemi predefiniti, Mercurio vi stimolerà.
13. Possederete una carica magnetica insolita, Venere vi ispira in mattinata.
14. Il lato pratico delle questioni, questo è il vostro piatto forte.
15. Non agite stamattina in maniera impulsiva, Urano lo sconsiglia.

16	*I sentimenti inconsci vi ispireranno piacevoli ricordi.*
17	*Stamattina sarete timidi ed indecisi, ma è passeggero.*
18	*Riscoprirete grazie ad un amico i piaceri semplici della vita.*
19	*Urano vi renderà molto concreti, potrete realizzare i vostri piani.*
20	*Attenti a non ricercare troppo il bisogno di conferme, Venere vi è nociva.*
21	*Lasciate perdere stasera gli schemi predefiniti, Venere vi stimolerà.*
22	*Nel pomeriggio grazie alla Luna sarete dotati di ottima perspicacia.*
23	*Sarà abbastanza facile oggi pomeriggio raggiungere la felicità grazie all'influsso di Saturno.*
24	*Una profonda carica di ottimismo vi investirà nel pomeriggio, complice Saturno.*
25	*Siete romantici e saprete comportarvi nel modo opportuno in ogni situazione.*
26	*La Luna vi renderà troppo gelosi, ciò genera diffidenza.*
27	*Avete delle sfide da vincere, ma avete Venere sfavorevole.*
28	*Sarete controllati dlla razionalità, in particolar modo al pomeriggio.*
29	*Oggi siete molto taciturni, la Luna vi indispone.*
30	*Non siate troppo rigidi e seriosi se volete farvi apprezzare in famiglia.*
31	*I vostri sentimenti profondi e fedeli oggi saranno apprezzati.*

Acquario : Agosto

1. Evitate eccessi di gelosia e possessività, vi danneggeranno.
2. Avrete tenacia da vendere, specie in serata grazie a Marte.
3. Siete troppo precisi e meticolosi, non avrete successo.
4. Siete troppo generosi, attenti a non essere sfruttati.
5. Venere vi rende i sentimenti impulsivi ed impazienti, la giornata sarà molto attiva.
6. Il vostro lato generoso ed umano si farà avanti in serata grazie alla Luna.
7. Sarà abbastanza facile stasera raggiungere la felicità grazie all'influsso di Mercurio.
8. I vostri scopi ideali o nobili saranno apprezzati da un parente.
9. Nel pomeriggio nei confronti degli altri sarete poco estroversi a causa della Luna.
10. In mattinata avrete successo nella sfera famigliare.
11. La vostra curiosità vi permetterà di arrivare subito "al dunque".
12. Saturno vi rende carichi di emotività, fate attenzione nel pomeriggio.
13. La vostra voglia di libertà sarà messa a dura prova a causa di Mercurio.
14. Sarete attratti dalle cose lontane, un'occasione insperata?
15. Tenderete ad esprimervi in maniera misurata e prudente, Marte stamattina vi controlla.

16	Sarete un po' introversi, Mercurio vi sfavorisce.
17	Il vostro forte senso di giustizia e di rispetto per gli altri sarà lodato.
18	Siete sensibili, oggi Mercurio vi renderà vulnerabili negli affari di cuore.
19	In serata sarete molto concentrati, ma non ignorate chi vi circonda.
20	Non agite stamattina in maniera impulsiva, la Luna lo sconsiglia.
21	Le questioni finanziarie stamattina non andranno a gonfie vele grazie a Marte.
22	Avrete un innato senso del comando.
23	La vostra ricerca di novità non si ferma mai, ma oggi non avrete molte sorprese.
24	Avete intrapreso un lavoro superiore alle vostre possibilità.
25	Stasera possederete un forte senso della giustizia grazie a Marte.
26	Non avrete sicuramente il tempo di annoiarvi, Marte vi coinvolgerà.
27	Le esperienze vissute influenzeranno positivamente la vita presente.
28	Marte vi renderà in serata ricchi di idee, mettetele a frutto.
29	Saprete affrontare la mattina con disinvoltura e innovazione.
30	Avrete scarse capacità per emergere ed imporvi sugli altri.
31	La vostra sensibilità elevata potrebbe mettervi a rischio stasera a causa di un'amica.

Acquario : Settembre

1. Il vostro lato generoso ed umano si farà avanti grazie a Venere.
2. La vostra aggressività è esuberante, senza vie di mezzo.
3. Il vostro lato generoso ed umano si farà avanti in tarda mattinata grazie a Giove.
4. Oggi sarete una persona ottimista e ben organizzata.
5. La vostra intelligenza marcata vi renderà molto efficienti grazie ad Urano.
6. Piccoli momenti di introversione caratterizzeranno la giornata per colpa di Marte.
7. I continui cambiamenti di umore non vi faranno trovare l'equilibrio.
8. Il vostro lato generoso ed umano si farà avanti grazie a Giove.
9. Oggi sarete dinamici e passivi a causa di Marte.
10. Avrete un innato senso del comando grazie a Marte.
11. Saprete affrontare la mattina con disinvoltura e innovazione per via di influssi lunari.
12. Saprete affrontare la vita con disinvoltura e innovazione per via di influssi di Giove.
13. Sarete attratti da una persona ambiziosa, la ammirerete.
14. In serata Giove vi renderà un po' critici
15. Stasera possederete un forte senso della giustizia grazie a Giove.

16	Saturno stamattina vi rende poco elastici, lasciate spazio anche agli altri!
17	Siete sensibili, stasera Mercurio vi renderà vulnerabili negli affari di cuore.
18	Non diminuite la fiducia in voi stessi, una spinta arriva da Urano.
19	La vostra ambizione ed efficienza promette successi sul lavoro grazie a Nettuno.
20	Una profonda carica di ottimismo vi investirà stamattina, complice Mercurio.
21	La pazienza ed il tatto oggi non saranno il vostro forte a causa di Marte.
22	Avrete il dominio sulle situazioni, coglietele al volo, il Sole è con voi.
23	Oggi sarà facile ottenere successi nella vita professionale.
24	Avrete nel pomeriggio una mentalità razionale e pratica, molto utile.
25	I continui cambiamenti di carriera vi faranno trovare l'equilibrio.
26	Non diminuite la fiducia in voi stessi, una spinta arriva da Nettuno.
27	In serata Saturno vi darà inventiva ed originalità da vendere, complimenti.
28	In serata Urano vi darà inventiva ed originalità da vendere, complimenti.
29	Sarete un po' introversi nel pomeriggio, Venere vi sfavorisce.
30	Possederete una carica magnetica insolita, Giove vi ispira in serata.

Acquario : Ottobre

1. Sarete un po' introversi nel pomeriggio, Plutone vi sfavorisce.
2. Venere vi permetterà di esprimervi in maniera disinvolta e chiara.
3. Lasciate perdere gli schemi predefiniti, Urano vi stimolerà.
4. Potrebbe finalmente arrivare un successo nella vita professionale grazie a Mercurio.
5. La Luna renderà i nati nel vostro segno molto impazienti.
6. Grazie a Nettuno sarete pieni di ambizione ed energia, approfittatene.
7. Attenti a non ricercare troppo il bisogno di conferme, Marte vi è nocivo.
8. Il vostro lato sensibile ed dolce si farà avanti nel tardo pomeriggio grazie a Marte.
9. Sarà molto facile oggi raggiungere la felicità grazie all'influsso di Giove.
10. Cercate di migliorare la vostra posizione, ne vale la pena.
11. Non ricercate certo la monotonia, ma non stancatevi troppo stasera.
12. Non siate troppo organizzati e metodici se volete farvi apprezzare.
13. Provate sentimenti ed emozioni molto profonde che non vengono fatte trasparire facilmente.
14. Proseguite per la vostra strada, meglio non divagare.
15. Il vostro lato sensibile ed dolce si farà avanti nel tardo pomeriggio grazie a Plutone.

16	Sarete particolarmente creativi, con un sacco di idee, Venere vi stimola.
17	Siate riservati, meglio sembrare distaccati.
18	Non siate troppo attenti all'aspetto estetico, oggi Venere non è propizia.
19	Dovrete prestare attenzione ad evitare approcci troppo generali e superficiali nei confronti delle cose.
20	Sarete molto attenti alle emozionie ciò potrebbe rendervi indifesi.
21	Qualcuno stasera stimolerà parecchio il tuo interesse.
22	Venere non vi permetterà di esprimervi in maniera disinvolta e chiara.
23	Avrete notevoli energie grazie all'influsso di Marte.
24	Attenti stasera a non rischiare di diventare troppo dominatori in ambito lavorativo.
25	Sul lato emotivo, proverete sentimenti ed emozioni molto profonde.
26	Il vostro lato generoso ed umano si farà avanti grazie a Plutone.
27	Giove vi renderà troppo gelosi, ciò genera diffidenza.
28	Siete troppo precisi e meticolosi, ma avrete molto successo.
29	La vostra gelosia e possessività possono essere pericolose, attenti.
30	Una profonda carica di ottimismo vi investirà in serata.
31	Non affrontate i problemi con timore, non li risolverete.

Acquario : Novembre

1. Mirate al sodo delle cose, Mercurio vi incoraggia.
2. Non agite stamattina in maniera impulsiva, Venere lo sconsiglia.
3. Qualcosa stasera stimolerà parecchio la tua curiosità.
4. La vostra sensibilità elevata potrebbe mettervi a rischio stamattina
5. Non agite in maniera impulsiva, Marte lo sconsiglia.
6. La mente stamattina sarà tendenzialmente irrazionale, ma non preoccupatevi.
7. Oggi sarà facile elaborare due pensieri diversi allo stesso tempo.
8. Grazie al Sole sarete pieni di ambizione ed energia, approfittatene.
9. Qualcosa stimolerà parecchio la tua curiosità.
10. Stasera avrete nuovi temi di osservazione e di meditazione grazie ad influssi di Nettuno.
11. Sarà abbastanza facile stasera raggiungere la felicità grazie all'influsso di Marte.
12. Avete delle sfide da vincere, ma avete il Sole sfavorevole.
13. In mattinata Marte vi darà inventiva ed originalità da vendere, complimenti.
14. Il vostro lato sensibile ed dolce si farà avanti nel pomeriggio grazie alla Luna.
15. Urano stamattina vi rende poco elastici, lasciate spazio anche agli altri!

16	Saprete affrontare la mattina con disinvoltura e innovazione per via di influssi di Mercurio.
17	La mente stasera sarà tendenzialmente irrazionale, ma non preoccupatevi.
18	Avrete un carattere pratico, ma non strafate.
19	Il vostro atteggiamento potrebbe causare qualche difficoltà nel rapporto con gli altri.
20	Avrete tenacia da vendere, specie al mattino grazie a Giove.
21	Venere vi rende carichi di emotività, fate attenzione nel pomeriggio.
22	Non fatevi scoraggiare da un parente, l'ostacolo non sarà reale.
23	Avrete l'animo così creativo e predisposto verso ideali umanitari.
24	Avrete un bisogno di essere rispettati.
25	Sarà abbastanza facile oggi raggiungere la felicità grazie all'influsso di Mercurio.
26	Sarete espansivi ed ottimisti, vi riconosceranno per questo.
27	Avrete tenacia da vendere, specie in serata grazie a Mercurio.
28	Nettuno oggi vi renderà un poco distaccati.
29	Avrete tenacia da vendere, specie in serata grazie ad Urano.
30	Grazie a Marte agirete di slancio per avere più autorità.

Acquario : Dicembre

1. Il vostro lato generoso ed umano si farà avanti nel pomeriggio grazie a Plutone.
2. Stamattina avrete un innato senso del comando grazie a Marte.
3. Avrete un elevato senso di responsabilità e di autocontrollo grazie a Urano.
4. Non diminuite la fiducia nelle vostre capacità, una spinta arriva dal Sole.
5. Per riuscire a preservare il vostro ottimismo oggi dovrete compiere uno sforzo a causa dell'influenza un po' avversa
6. I sentimenti inconsci vi ispireranno piacevoli ricordi grazie all'influsso di Nettuno.
7. Sarete consapevoli che esistono inevitabilmente degli obblighi.
8. Le questioni finanziarie stamattina non andranno a gonfie vele grazie a Saturno.
9. Il vostro lato generoso ed umano si farà avanti solo in tarda serata grazie a Marte.
10. Sarete un po' introversi stamattina, Marte vi sfavorisce.
11. Saturno vi darà grandi aiuti per concludere i vostri affari.
12. La vostra determinazione non porterà di nuovo ai risultati sperati.
13. Vivrete in maniera interiore molto emotiva, Urano vi occhieggia.
14. Avrete un fascino un po' particolare grazie alla Luna.
15. La vostra ricerca di novità non si ferma mai, oggi avrete molte sorprese.

16	*Non fatevi scoraggiare da una amica, l'ostacolo non sarà reale.*
17	*Sarà abbastanza facile stasera raggiungere la felicità grazie all'influsso di Venere.*
18	*Stamattina mirate al sodo delle cose, Giove vi incoraggia.*
19	*Lasciate perdere gli schemi predefiniti, Nettuno vi stimolerà.*
20	*Marte vi permetterà di esprimervi in maniera disinvolta e chiara.*
21	*Non esprimete troppo il vostro pensiero, oggi Saturno consiglia di meglio stare in silenzio.*
22	*Mercurio stamattina vi renderà un poco distaccati.*
23	*Avrete un innato senso del comando grazie alla Luna.*
24	*La Luna stamattina vi rende poco flessibili, lasciate spazio anche agli altri!*
25	*Siete leali ed onesti, sarete premiati per questo.*
26	*Non sarete ammirati ed elogiati per il vostro carattere.*
27	*Avrete nel pomeriggio le capacità per lavorare duramente, con metodo, e grande attenzione, la Luna vi è favorevole.*
28	*Non esprimete troppo il vostro pensiero, oggi Giove consiglia di meglio stare in silenzio.*
29	*Avrete in serata alcuni conflitti tra sensibilità e ragione a causa del Sole.*
30	*Bisogna cercare di essere un po' più tolleranti, specie verso un collega.*
31	*Stamattina avrete un elevato senso di responsabilità e di autocontrollo grazie a Mercurio.*

Pesci : Gennaio

1. Non lasciatevi intimorire da un amico specie in mattinata.
2. Desiderate vivere in un'atmosfera familiare favorevole, Venere vi favorisce.
3. Non diminuite la fiducia nelle vostre capacità, una spinta arriva da Urano.
4. Grazie al vostro animo nobile sarete aperti a nuove vedute della vita.
5. Siate più aperti a nuove vedute, ci saranno sorprese in mattinata grazie a Marte.
6. Saprete affrontare la vita con disinvoltura e innovazione per via di influssi di Venere.
7. Mercurio renderà i nati nel vostro segno molto impazienti.
8. Non siate troppo indipendenti, Mercurio lo sconsiglia.
9. In serata non avrete sicuramente il tempo di annoiarvi, la Luna vi coinvolgerà.
10. Possederete una carica magnetica insolita, Marte vi ispira.
11. Saturno vi renderà impazienti, rilassatevi.
12. La vostra ambizione ed efficienza promette successi sul lavoro grazie a Saturno.
13. Non diminuite la fiducia nelle vostre capacità, una spinta arriva dalla Luna.
14. Grazie a Giove sarete ambiziosi e al tempo stesso sensibili, attenzione.
15. Sarà molto facile oggi raggiungere la felicità grazie all'influsso della Luna.

16	*Meglio non avere comportamenti materni, la Luna è mal messa.*
17	*Sarete seri, pratici e decisionivi, cosa dire di più?*
18	*Avrete tenacia da vendere, specie al mattino presto grazie a Saturno.*
19	*Pomeriggio di noia, sarete molto taciturni.*
20	*Non avrete sicuramente il tempo di annoiarvi, il Sole vi coinvolgerà.*
21	*Stasera mirate al sodo delle cose, Saturno vi incoraggia.*
22	*Avrete nel pomeriggio le capacità per lavorare duramente, con metodo, e grande attenzione, Mercurio vi è favorevole.*
23	*La vostra determinazione porterà ai risultati sperati.*
24	*Nei confronti degli altri sarete molto estroversi grazie alla Luna.*
25	*Non agite stamattina in maniera impulsiva, Mercurio lo sconsiglia.*
26	*Non spendete troppe energie, il Sole vi è sfavolevole.*
27	*Per riuscire a preservare il vostro ottimismo oggi dovrete compiere uno sforzo a causa dell'influenza un po' avversa di*
28	*Giove renderà i nati nel vostro segno poco audaci.*
29	*Avrete la capacità di essere versatili in molti settori e sarete dotati di un buon equilibrio.*
30	*Non lasciatevi intimorire da un parente.*
31	*L'influenza di Giove vi apporterà grande vitalità.*

Pesci : Febbraio

1. Avrete un bisogno di esercitare un certo dominio in ambito sociale.
2. Avrete in mattinata alcuni conflitti tra sensibilità e ragione a causa di Saturno.
3. Meglio non avere comportamenti materni, Urano è mal messo.
4. Attenti, la forte carica affermativa si tramuta in atteggiamenti egoistici.
5. Necessitate di più costanza ed applicazione per raggiungere le vostre mete.
6. Che meraviglia, avrete un tocco di fascino un po' particolare.
7. Avrete tenacia da vendere, specie al mattino grazie a Mercurio.
8. Nel pomeriggio la Luna vi renderà un po' critici.
9. Non diminuite la fiducia in voi stessi, una spinta arriva dalla Luna.
10. Il vostro lato sensibile ed dolce si farà avanti nel tardo pomeriggio grazie a Mercurio.
11. In giornata Urano vi darà inventiva ed originalità da vendere, complimenti.
12. Sarete freddi e di calcolatori, non è da voi ,stamattina Marte vi è contrario.
13. Avrete nuovi temi di osservazione e di meditazione grazie ad influssi di Urano.
14. Nel pomeriggio nei confronti degli altri sarete poco estroversi a causa di Marte.
15. Non siate troppo organizzati e metodici se volete farvi apprezzare in famiglia.

16	Desiderate vivere in un'atmosfera familiare favorevole, il Sole vi favorisce.
17	Oggi non saranno molto favoriti gli studi e l'apprendimento in generale.
18	Avrete un elevato senso di responsabilità e di autocontrollo grazie a Giove.
19	Perseguite i vostri obiettivi senza distrarvi.
20	Sarete molto influenzati in mattinata nella sfera emotiva da un amico.
21	Non avrete un particolare intuito nel pomeriggio.
22	Sarà molto facile stasera raggiungere la felicità grazie all'influsso di Marte.
23	In serata nei confronti degli altri sarete molto estroversi.
24	La Luna renderà i nati nel vostro segno poco loquaci.
25	In mattinata non avrete successo nella sfera domestica.
26	Stasera mirate al sodo delle cose, Venere vi incoraggia.
27	Un carico di enegia dal Sole, ecco cosa si prospetta per voi in mattinata.
28	Piccoli momenti di introversione caratterizzeranno la giornata per colpa di Mercurio.

Pesci : Marzo

1. Sarà facile oggi raggiungere la felicità grazie all'influsso di Venere.
2. Oggi sarete eloquenti ed aggressivi, ma non ferite nessuno!
3. In mattinata nei confronti degli altri sarete molto estroversi grazie a Venere.
4. In ambito professionale darete molta importanza alla precisione.
5. Saprete affrontare la vita con disinvoltura e innovazione per via di influssi lunari.
6. Per riuscire a preservare il vostro ottimismo oggi dovrete compiere un sacrificio.
7. Le esperienze vissute influenzeranno molto la vita presente.
8. Nel pomeriggio avrete un buon fiuto per gli acquisti.
9. Sarete timidi ed indecisi, ma è passeggero.
10. Giove non vi permetterà di esprimervi in maniera disinvolta e chiara.
11. Non agite stasera in maniera impulsiva, Marte lo sconsiglia.
12. Siate più aperti a nuove vedute, ci saranno sorprese in serata grazie a Mercurio.
13. Il vostro lato sensibile ed dolce si farà avanti grazie a Nettuno.
14. Avrete in serata alcuni conflitti tra sensibilità e ragione a causa di Nettuno.
15. Diverrete favorevolmente aperti verso gli altri, è tempo di incontri.

16	Lasciate perdere gli schemi predefiniti, la Luna vi stimolerà.
17	La fiducia in voi stessi stamane vacillerà un po'.
18	Venere vi rende carichi di emotività, fate attenzione.
19	Piccoli momenti di introversione caratterizzeranno la giornata.
20	Grazie a Giove agirete di slancio per avere più autorità.
21	Sarete orgogliosi dei vostri successi, Marte vi darà un aiuto.
22	Siete alla ricerca dell'intesa perfetta, però dovrete ripiegare.
23	La Luna non vi permetterà di esprimervi in maniera disinvolta e chiara.
24	Avete delle sfide da vincere, ma avete Mercurio dalla vostra parte.
25	Il vostro spirito di intraprendenza stasera sarà esaltato grazie alla Luna.
26	Stasera avrete un elevato senso di responsabilità e di autocontrollo grazie a Marte.
27	Sarete attratti da una donna molto indipendente, ma rappresenta un pericolo.
28	Avete idee che talvolta possono essere pensate un po' troppo in grande.
29	Nel pomeriggio nei confronti degli altri sarete poco estroversi a causa di Nettuno.
30	Il vostro lato generoso ed umano si farà avanti nel pomeriggio grazie a Giove.
31	Saprete affrontare la sera con disinvoltura e innovazione per via di influssi di Giove.

Pesci : Aprile

1. Sarete un po' introversi nel pomeriggio, il Sole vi sfavorisce.
2. Non siate troppo indipendenti, il Sole lo sconsiglia.
3. Avrete stamattina una mentalità razionale e pratica, molto utile.
4. Oggi sarete inquieti ed instabili a causa di Venere.
5. Avrete nel pomeriggio le capacità per lavorare duramente, con metodo, e grande attenzione, Giove vi è favorevole.
6. Piccoli momenti di introversione caratterizzeranno la mattina per colpa di Saturno.
7. Prima di prendere una decisione valutate bene l'ambiente circostante.
8. Siate più aperti a nuove vedute, ci saranno sorprese grazie a Giove.
9. Bisogna cercare di essere un po' più tolleranti, specie verso gli altri.
10. L'umorismo e la vivacità di fondo della personalità vi faranno stare meglio.
11. Un carico di enegia da Marte, ecco cosa si prospetta per voi in serata.
12. Sarete un po' introversi stasera, Saturno vi sfavorisce.
13. Stasera avrete un elevato senso di responsabilità e di autocontrollo.
14. Stasera avrete un innato senso del comando.
15. Stamattina sarà difficile elaborare due pensieri diversi allo stesso tempo.

16	La Luna renderà i nati nel vostro segno molto intraprendenti.
17	Nei confronti degli altri sarete molto estroversi.
18	Stasera avrete un innato senso del comando grazie a Mercurio.
19	Avrete un elevato senso di responsabilità e di autocontrollo grazie a Mercurio.
20	Avrete in serata alcuni conflitti tra sensibilità e ragione a causa di Plutone.
21	La vostra ambizione ed efficienza promette successi in affari grazie a Nettuno.
22	Lo spirito di iniziativa e d'avventura non saranno oggi le caratteristiche del vostro carattere.
23	Sarà molto facile oggi raggiungere la felicità grazie all'influsso del Sole.
24	Giove vi farà agire senza tatto e giudiziosità, combinerete un bel guaio.
25	In mattinata grazie a Marte sarete dotati di ottima perspicacia.
26	La fiducia in voi stessi oggi vacillerà un po'.
27	Tenderete ad esprimervi in maniera misurata e prudente, il Sole stamattina vi controlla.
28	In serata Saturno vi renderà un po' critici.
29	La vostra ambizione ed efficienza promette successi in affari grazie a Plutone.
30	Un comportamento grossolano oggi pomeriggio potrebbe ferire chi vi sta accanto.

Pesci : Maggio

1. Sarà molto facile oggi pomeriggio raggiungere la felicità grazie all'influsso del Sole.
2. La vostra ricerca di novità non si ferma mai, oggi avrete una sorpresa.
3. La vostra sensibilità elevata potrebbe mettervi a rischio stamattina
4. La vostra sensibilità elevata potrebbe mettervi a rischio stamattina
5. Tenderete ad esprimervi in maniera misurata e prudente, Mercurio stasera vi controlla.
6. Siate più aperti a nuove vedute, ci saranno sorprese in serata grazie a Marte.
7. Siete troppo precisi e meticolosi, ma avrete successo.
8. Il vostro lato generoso ed umano si farà avanti grazie alla Luna.
9. Il coraggio e la passionalità oggi saranno il vostro punto forte grazie a Venere.
10. Avrete un elevato senso di responsabilità e di autocontrollo grazie a Marte.
11. Visto che sarete portati nello scrivere e nello studio è il momento di iniziare qualcosa.
12. Mirate al sodo delle cose, Giove vi incoraggia.
13. I vostri scopi ideali o nobili saranno apprezzati.
14. Sarete gentili e generosi, Venere è dalla vostra parte.
15. Saturno stamattina vi rende poco flessibili, lasciate spazio anche agli altri!

16	*La pazienza ed il tatto stamattina non saranno il vostro forte a causa di Marte.*
17	*Mercurio renderà i nati nel vostro segno poco audaci.*
18	*Per riuscire a preservare il vostro ottimismo oggi dovrete compiere un sacrificio a causa dell'influenza un po' avversa di*
19	*Bisogna cercare di essere un po' più tolleranti.*
20	*Avrete il dominio sulle situazioni, coglietele al volo, Mercurio è con voi.*
21	*In serata nei confronti degli altri sarete poco estroversi.*
22	*Avrete notevoli energie grazie all'influsso del Sole.*
23	*Avrete un elevato senso di responsabilità e di autocontrollo.*
24	*Stamattina avrete nuovi temi di osservazione e di meditazione grazie ad influssi di Marte.*
25	*Non lasciatevi intimorire da un'amica specie in mattinata.*
26	*Il vostro lato generoso ed umano si farà avanti grazie a Nettuno.*
27	*Sarete pervasi da un forte senso di giustizia, ma non esagerate nelle critiche.*
28	*Oggi sarete dinamici e passivi a causa di Venere.*
29	*Una profonda carica di ottimismo vi investirà.*
30	*Procedete con ordine e metodo, Urano vi disorienterà.*
31	*Nel pomeriggio nei confronti degli altri sarete poco estroversi a causa di Plutone.*

Pesci : Giugno

1. Una persona cara vi farà capire l'importanza della vita affettiva.
2. Nettuno stasera vi renderà poco flessibili, lasciate spazio anche agli altri!
3. Il vostro lato generoso ed umano si farà avanti grazie a Mercurio.
4. In serata Nettuno vi renderà un po' critici.
5. Grazie a Saturno sarete pieni di ambizione ed energia, approfittatene.
6. Una profonda carica di ottimismo vi investirà, complice Marte.
7. Non avete voglia di stare con gli altri, Giove lo evidenzia.
8. In mattinata grazie alla Luna sarete dotati di ottima perspicacia.
9. Sarete spinti da una grande carica di ottimismo specie al pomeriggio, la Luna è ok.
10. Avrete una grande forza di volontà e la personalità sarà caratterizzata dal desiderio di differenziarsi dagli altri.
11. La vostra loquacità oggi non avrà paragoni.
12. In serata nei confronti degli altri sarete poco estroversi a causa di Saturno.
13. Attenti stasera a non rischiare di avere una severità eccessiva in ambito sociale.
14. Tenderete ad esprimervi in maniera misurata e prudente, Venere stasera vi controlla.
15. Saturno vi farà agire senza tatto e giudiziosità, combinerete un bel guaio.

16	Riscoprirete grazie ad una telefonata i piaceri semplici della vita.
17	In mattinata grazie a Giove sarete dotati di ottima perspicacia.
18	La vostra voglia di libertà sarà messa a dura prova a causa di Giove.
19	Mirate al sodo delle cose, il Sole vi incoraggia.
20	Questo pomeriggio sarà facile elaborare due pensieri diversi allo stesso tempo.
21	Stasera mirate al sodo delle cose, la Luna vi incoraggia.
22	In giornata Urano vi darà inventiva ed originalità da vendere, complimenti.
23	Sarete particolarmente comprensivi, magari siate utili a qualcuno.
24	Sarete dotati di fine intuizione, ma apparirete un po' eccentrici.
25	La vostra continua ricerca di verità e l'onestà potrebbe non portare ai fini sperati.
26	La vostra continua ricerca di verità e l'onestà sarà gratificata.
27	Giornata da dedicare alle amicizie grazie alla spinta data da Mercurio.
28	Sarete fantasiosi ed immaginativi, è il momento di creare qualcosa.
29	I sentimenti vi domineranno per l'intera giornata, forse è il momento di conquiste.
30	Gli interessi spirituali saranno esaltati dalla Luna, ma saranno passeggeri.

Pesci : Luglio

1	Avrete un'insolita attrazione verso l'arte e la creatività.
2	Le esperienze vissute influenzeranno molto la vita presente.
3	Le esperienze vissute influenzeranno positivamente la vita presente.
4	Le esperienze vissute influenzeranno poco positivamente la vita presente.
5	I sentimenti inconsci vi ispireranno piacevoli ricordi.
6	I sentimenti inconsci vi ispireranno piacevoli ricordi grazie all'influsso lunare.
7	I sentimenti inconsci vi ispireranno piacevoli ricordi grazie all'influsso di Giove.
8	I sentimenti inconsci vi ispireranno piacevoli ricordi grazie all'influsso di Venere.
9	I sentimenti inconsci vi ispireranno piacevoli ricordi grazie all'influsso di Mercurio.
10	I sentimenti inconsci vi ispireranno piacevoli ricordi grazie all'influsso di Saturno.
11	I sentimenti inconsci vi ispireranno piacevoli ricordi grazie all'influsso di Urano.
12	I sentimenti inconsci vi ispireranno piacevoli ricordi grazie all'influsso di Nettuno.
13	La mente oggi sara tendenzialmente irrazionale, ma non preoccupatevi.
14	La mente stamattina sarà tendenzialmente irrazionale, ma non preoccupatevi.
15	La mente stasera sarà tendenzialmente irrazionale, ma non preoccupatevi.

16	Siete un po' sfuggenti, ma da cosa scappate?
17	Sarete un po' sfuggenti, ma da cosa scappate?
18	Siete pieni di progetti, ma è meglio affrontare problemi pratici.
19	Sarete pieni di progetti, ma è meglio affrontare problemi pratici.
20	Sarete molto influenzati nella sfera emotiva da un amico.
21	Sarete molto influenzati nella sfera emotiva da un parente.
22	Sarete molto influenzati in mattinata nella sfera emotiva da un amico.
23	Sarete molto influenzati in mattinata nella sfera emotiva da un parente.
24	Sarete molto influenzati in serata nella sfera emotiva da un amico.
25	Sarete molto influenzati in serata nella sfera emotiva da un parente.
26	Sarete molto influenzati nel pomeriggio nella sfera emotiva da un amico.
27	Sarete molto influenzati nel pomeriggio nella sfera emotiva da un parente.
28	Siete troppo mutevoli di pensiero, fissate un punto fermo.
29	La Luna vi rende troppo mutevoli di pensiero, fissate un punto fermo.
30	Sarete influenzati dal pianeta dell'amore e dei sentimenti.
31	In mattinata sarete influenzati dal pianeta dell'amore e dei sentimenti.

Pesci : Agosto

1. Stasera sarete influenzati dal pianeta dell'amore e dei sentimenti.
2. Una persona cara vi farà capire l'importanza della vita affettiva.
3. La vita amorosa sarà ricca di esperienze.
4. La vita amorosa sarà ricca di esperienze, amate le novità ed i cambiamenti.
5. Avrete sentimenti impulsivi ed impazienti, la giornata sarà molto attiva.
6. La Luna vi rende i sentimenti impulsivi ed impazienti, la giornata sarà molto attiva.
7. Mercurio vi rende i sentimenti impulsivi ed impazienti, la giornata sarà molto attiva.
8. Venere vi rende i sentimenti impulsivi ed impazienti, la giornata sarà molto attiva.
9. Marte vi rende i sentimenti impulsivi ed impazienti, la giornata sarà molto attiva.
10. Sarete attratti da una donna molto indipendente, ma rappresenta un pericolo.
11. Anche se non amate il senso dell'avventura oggi è il caso di rischiare.
12. I vostri sentimenti profondi e fedeli oggi saranno apprezzati.
13. I vostri sentimenti profondi e fedeli oggi saranno riconosciuti.
14. Siete inclini ad intraprendere relazioni stabili e durevoli, ma aspettate il momento giusto.
15. Siete leali ed onesti, sarete premiati per questo.

16	Le situazioni ambigue non fanno per voi, prudenza.
17	Le situazioni ambigue non fanno per voi, prudenza in serata.
18	Le situazioni ambigue non fanno per voi, prudenza in mattinata.
19	La vostra gelosia può essere pericolosa, attenti.
20	La vostra possessività può essere pericolosa, attenti.
21	La vostra gelosia e possessività possono essere pericolose, attenti.
22	Apprezzate troppo i beni materiali, almeno oggi siate meno possessivi.
23	L'interesse per l'arte e la bellezza in generale potrebbe trovare oggi soluzione.
24	Amate la casa e la vita comoda, ma oggi potreste anche cambiare idea.
25	Amate la casa e la vita comoda, ma oggi Venere vi farà cambiare idea.
26	Amate la casa e la vita comoda, ma oggi Giove vi farà cambiare idea.
27	Amate la casa e la vita comoda, ma oggi Mercurio vi farà cambiare idea.
28	Amate la casa e la vita comoda, ma oggi Marte vi farà cambiare idea.
29	Cercate protezione e vita stabile, allora oggi sarà un gran giorno.
30	La stabilità economica potrebbe raggiungere oggi lo sperato equilibrio.
31	Siete brilanti e simpatici, oggi è favorito lo sport all'aria aperta.

Pesci : Settembre

1. Adorate stare in mezzo alla gente, oggi giornata propizia.
2. Siete sensibili, oggi la Luna vi renderà vulnerabili negli affari di cuore.
3. Siete sensibili, oggi il Sole vi renderà vulnerabili negli affari di cuore.
4. Siete sensibili, oggi Mercurio vi renderà vulnerabili negli affari di cuore.
5. Siete sensibili, oggi Marte vi renderà vulnerabili negli affari di cuore.
6. Siete sensibili, oggi Venere vi renderà vulnerabili negli affari di cuore.
7. Siete sensibili, stasera la Luna vi renderà vulnerabili negli affari di cuore.
8. Siete sensibili, stasera il Sole vi renderà vulnerabili negli affari di cuore.
9. Siete sensibili, stasera Mercurio vi renderà vulnerabili negli affari di cuore.
10. Siete sensibili, stasera Marte vi renderà vulnerabili negli affari di cuore.
11. Siete sensibili, stasera Venere vi renderà vulnerabili negli affari di cuore.
12. La vostra ricerca gli affetti e un rapporto di coppia sicuro sarà forse coronato.
13. Giornata da vivere in modo romantico e un po' capriccioso.
14. Avrete un gran desiderio di dare, ma anche di ricevere premure nei propri confronti.
15. Sarete molto vicini alla famiglia, oggi ne sentite il bisogno.

16	Avete bisogno di qualcuno che si prenda cura di voi.
17	Troverete chi saprà capire le vostre esigenze di spirito familiare.
18	Non ammettete sospetti o difetti, ma siate più comprensivi.
19	Siete troppo gelosi, ciò genera diffidenza.
20	La Luna vi renderà troppo gelosi, ciò genera diffidenza.
21	Mercurio vi renderà troppo gelosi, ciò genera diffidenza.
22	Giove vi renderà troppo gelosi, ciò genera diffidenza.
23	Venere vi renderà troppo gelosi, ciò genera diffidenza.
24	Siete troppo orgogliosi, datevi una calmata.
25	Marte vi renderà troppo orgogliosi, datevi una calmata.
26	Giove vi renderà troppo orgogliosi, datevi una calmata.
27	Il prestigio nel proprio ambiente sociale sarà per voi raggiunto.
28	Sarete ambiziosi e al tempo stesso sensibili, attenzione.
29	Grazie al Sole sarete ambiziosi e al tempo stesso sensibili, attenzione.
30	Grazie alla Luna sarete ambiziosi e al tempo stesso sensibili, attenzione.

Pesci : Ottobre

1. Grazie a Marte sarete ambiziosi e al tempo stesso sensibili, attenzione.
2. Grazie a Giove sarete ambiziosi e al tempo stesso sensibili, attenzione.
3. Grazie a Saturno sarete ambiziosi e al tempo stesso sensibili, attenzione.
4. Grazie a Urano sarete ambiziosi e al tempo stesso sensibili, attenzione.
5. Grazie a Nettuno sarete ambiziosi e al tempo stesso sensibili, attenzione.
6. Grazie a Plutone sarete ambiziosi e al tempo stesso sensibili, attenzione.
7. Affrontate la vita in maniera ragionata e prudente, ma troppo timidamente.
8. Lasciatevi andare alla tenerezza, ne vale la pena.
9. Un'avventura romantica o passionale è alle porte, ma prudenza.
10. Un'avventura romantica o passionale è alle porte, lasciate perdere.
11. Un'avventura romantica o passionale è alle porte, lasciatevi andare.
12. Siate tolleranti e non critici e pignoli, specie in mattinata.
13. Siate tolleranti e non critici e pignoli, specie in serata.
14. Siate tolleranti e non critici e pignoli, specie nel pomeriggio.
15. Dovrete prendervi cura di un caro amico, ma ne varrà la pena.

16	Dovrete prendervi cura di un parente, ma ne varrà la pena.
17	Dovrete prendervi cura di un nemico, ma ne varrà la pena.
18	Giornata caratterizzata dalla creatività, con un insolito inizio.
19	L'amore riveste per voi un ruolo primario, ma ne siete convinti?
20	La necessità di avere qualcuno vicino vi metterà in difficoltà.
21	Il senso di giustizia che avete sarà ben valorizzato.
22	Attenti a non ricercare troppo il bisogno di conferme, la Luna vi è nociva.
23	Attenti a non ricercare troppo il bisogno di conferme, Venere vi è nociva.
24	Attenti a non ricercare troppo il bisogno di conferme, Marte vi è nocivo.
25	Attenti a non ricercare troppo il bisogno di conferme, Mercurio vi è nocivo.
26	Attenti a non ricercare troppo il bisogno di conferme, Giove vi è nocivo.
27	Attenti a non ricercare troppo il bisogno di conferme, Saturno vi è nocivo.
28	Attenti a non ricercare troppo il bisogno di conferme, Urano vi è nocivo.
29	Attenti a non ricercare troppo il bisogno di conferme, Nettuno vi è nocivo.
30	Attenti a non ricercare troppo il bisogno di conferme, Plutone vi è nocivo.
31	Fate di tutto per essere sicuri di piacere, ma non esagerate.

Pesci : Novembre

1. L'attenzione di un uomo gentile sarà per voi essenziale.
2. L'attenzione di un uomo gentile sarà per voi essenziale in mattinata.
3. L'attenzione di un uomo gentile sarà per voi essenziale in serata.
4. Siete romantici e saprete comportarvi nel modo opportuno in ogni situazione.
5. Il sentimento e la passione saranno influenzati soprattutto dall'attrazione fisica.
6. Eserciterete un potere magnetico inconsapevole che farà capitolare la preda prescelta.
7. Neanche voi riuscirete a tollerare la vostra innata gelosia.
8. Passerete la giornata senza alcun pregiudizio, ma questo sarà rischioso.
9. Sarete attratti dalle cose lontane, un'occasione insperata?
10. La vostra richiesta d'affetto sarà raccolta ma all'ultimo momento.
11. Rifuggite dalle persone troppo sofisticate, vi causeranno solo noie.
12. Un amante dei viaggi risveglierà in voi lontani ricordi.
13. Il senso dell'avventura vi farà passare una giornata frenetica.
14. Non avrete sicuramente il tempo di annoiarvi, la Luna vi coinvolgerà.
15. Non avrete sicuramente il tempo di annoiarvi, il Sole vi coinvolgerà.

16	Non avrete sicuramente il tempo di annoiarvi, Marte vi coinvolgerà.
17	In mattinata non avrete sicuramente il tempo di annoiarvi, Giove vi coinvolgerà.
18	In mattinata non avrete sicuramente il tempo di annoiarvi, la Luna vi coinvolgerà.
19	In mattinata non avrete sicuramente il tempo di annoiarvi, il Sole vi coinvolgerà.
20	In mattinata non avrete sicuramente il tempo di annoiarvi, Marte vi coinvolgerà.
21	In serata non avrete sicuramente il tempo di annoiarvi, Giove vi coinvolgerà.
22	In serata non avrete sicuramente il tempo di annoiarvi, la Luna vi coinvolgerà.
23	In serata non avrete sicuramente il tempo di annoiarvi, il Sole vi coinvolgerà.
24	In serata non avrete sicuramente il tempo di annoiarvi, Marte vi coinvolgerà.
25	La certezza di stabilità oggi non cercatela, sarà introvabile.
26	Sarete alla ricerca dell'elemento indispensabile per la buona riuscita del rapporto.
27	Non ammettete legami eccessivi o condizionanti, ma sarà il caso di cedere.
28	Le unioni platoniche non fanno per voi, datevi da fare altrove.
29	Cercate amici non comuni, ma prudenti a non esagere.
30	Non siate troppo conservatori, sfruttate la spinta della Luna.

Pesci : Dicembre

1. Non siate troppo conservatori, sfruttate la spinta di Mercurio.
2. Non siate troppo conservatori, sfruttate la spinta di Venere.
3. Sarete particolarmente sensibili e romantici grazie a Venere.
4. Stamattina sarete particolarmente sensibili e romantici grazie a Venere.
5. Stasera sarete particolarmente sensibili e romantici grazie a Venere.
6. Sarete molto attenti alle emozionie ciò potrebbe rendervi indifesi.
7. Sarete portati a capire i bisogni e i problemi degli altri, aiutateli.
8. Siete troppo romantici e sognatori, rimettete i piedi in terra.
9. Sarete pieni di ambizione ed energia, approfittatene.
10. Grazie a Marte sarete pieni di ambizione ed energia, approfittatene.
11. Grazie a Giove sarete pieni di ambizione ed energia, approfittatene.
12. Grazie a Saturno sarete pieni di ambizione ed energia, approfittatene.
13. Grazie ad Urano sarete pieni di ambizione ed energia, approfittatene.
14. Grazie a Nettuno sarete pieni di ambizione ed energia, approfittatene.
15. Grazie al Sole sarete pieni di ambizione ed energia, approfittatene.

16	*Grazie a Marte in mattinata sarete pieni di ambizione ed energia, approfittatene.*
17	*Grazie a Giove in mattinata sarete pieni di ambizione ed energia, approfittatene.*
18	*Grazie a Saturno in mattinata sarete pieni di ambizione ed energia, approfittatene.*
19	*Grazie ad Urano in mattinata sarete pieni di ambizione ed energia, approfittatene.*
20	*Grazie a Nettuno in mattinata sarete pieni di ambizione ed energia, approfittatene.*
21	*Grazie al Sole in mattinata sarete pieni di ambizione ed energia, approfittatene.*
22	*Grazie a Marte sarete pieni di ambizione ed energia in serata, approfittatene.*
23	*Grazie a Giove sarete pieni di ambizione ed energia in serata, approfittatene.*
24	*Grazie a Saturno sarete pieni di ambizione ed energia in serata, approfittatene.*
25	*Grazie ad Urano sarete pieni di ambizione ed energia in serata, approfittatene.*
26	*Grazie a Nettuno sarete pieni di ambizione ed energia in serata, approfittatene.*
27	*Grazie al Sole sarete pieni di ambizione ed energia in serata, approfittatene.*
28	*La vostra determinazione vi porterà ad un insperato successo.*
29	*La vostra determinazione vi porterà ad un insperato successo con l'influsso della Luna.*
30	*La vostra determinazione vi porterà ad un insperato successo con l'influsso di Marte.*
31	*La vostra determinazione vi porterà ad un insperato successo con l'influsso di Giove.*

www.ingramcontent.com/pod-product-compliance
Lightning Source LLC
Chambersburg PA
CBHW060825170526
45158CB00001B/80